CADMOS HUNDEPRAXIS

Clickertraining

Monika Gutmann

Lesen
Lernen
Wissen

CADMOS

HUNDEPRAXIS

Monika Gutmann

Clickertraining

Andere Wege in der Kommunikation mit dem Hund

Copyright © 2010 by Cadmos Verlag, Schwarzenbek
Gestaltung und Satz: Ravenstein + Partner, Verden
Titelfoto: JBTierfoto
Fotos im Innenteil: JBTierfoto
Zeichnungen: Monika Gutmann
Lektorat: Sabine Poppe
Druck: Westermann Druck, Zwickau

Deutsche Nationalbibliothek – CIP-Einheitsaufnahme
Die Deutsche Nationalbibliothek verzeichnet diese Publikation in der
Deutschen Nationalbibliografie; detaillierte bibliografische Daten sind
im Internet über http://dnb.ddb.de abrufbar.

Printed in Germany

ISBN: 978-3-86127-876-4

Vorwort – Hundeerziehung, die nächste Generation

Als ich mit dem Clickertraining anfing, war mir das Ausmaß für meine Zukunft nicht bewusst. Im Jahr 2000 hielt ich meinen ersten Clicker in der Hand und entdeckte damit für mich eine Welt, die ich so nicht erwartet hatte.

Unser Rottweilermischling Dino hat mit Clickertraining völlig gewaltfrei gelernt, dass es besser ist, seinem Menschen zu folgen statt einem Reh. Das vorherige Training mit Stachelhalsband und Leinengerucke hat ihn nicht sonderlich beeindruckt. Die Zeit des Umden-

kens kam bei mir, als ich vor fast zehn Jahren bäuchlings auf dem Rücken unseres geliebten Dino über den Hundesportplatz getragen wurde. Dabei kamen so hilfreiche Zurufe wie: „Du musst ihn auf den Rücken werfen!" – Ja wie denn, wenn der Hund mich auf dem Rücken huckepack trägt? Ich dachte: „Wenn man einem Hund körperlich nicht gewachsen ist (und das ist der Großteil aller Menschen mit größeren Hunden), dann muss es doch noch andere Möglichkeiten der Erziehung geben." Auf der Suche nach Alternativen entdeckte ich den Clicker und damit das Tor zu mehr Wissen und einem besseren Verständnis zwischen Mensch und Hund.

Arbeiten mit einem Marker/Clicker bringt zwei völlig fremde Spezies auf einen Nenner: Der Mensch kann nun endlich im richtigen Augenblick sagen, was er gut findet, und der Hund weiß sofort, dass er etwas richtig gemacht hat.

Wir müssen nicht mehr darauf warten, dass unser Hund etwas „falsch" macht – wir öffnen unseren Blick für das Gute! Das Zusammenleben und die Beziehung zwischen Mensch und Hund bekommt so eine ganz neue Qualität. Nicht mehr im ständigen Stress zu sein, um den „Rudelführer" zu mimen, ist entspannend für uns Menschen wie auch für unsere Hunde.

Clickertraining ist kein Freifahrschein für Disziplinlosigkeit, wie es allgemein immer wieder behauptet wird. Ich glaube sogar, dass mit Marker trainierte Hunde ihre Grenzen sehr viel genauer kennen, Umweltsignale besser einordnen und gelernt haben, mit diesen umzugehen – immer vorausgesetzt, dass nun der Mensch dem Hund auch die Chance zum Lernen ermöglicht. Natürlich haben wir Regeln, denn jedes familiäre Zusammenleben bedingt irgendwelche Regeln. Diese sind aber kein starres Konstrukt wie: Der Mensch isst zuerst. Oder: Der Hund muss immer hinter den Menschen laufen.

Unsere Hunde haben unsere Hausregeln durch klare Kommunikation erlernt: Mit einem Markerwort kann ich meinem Hund jederzeit mitteilen, dass ich es gut finde, wenn er auf

mein Zeichen die Couch verlässt oder er auf die Couch kommen darf, um sich somit Streicheleinheiten abzuholen. Hatte einer unserer Hunde ein Problem, arbeiteten wir konkret an diesem Verhalten. Keiner meiner Hunde hat jemals beispielsweise Ressourcen (wie Futter, Spielzeug) verteidigt. Ich habe gleich von Beginn an „unerwünschtes" Verhalten unter Signalkontrolle gestellt. Unsere Hunde verlassen die Couch auf Signal, warten an der Tür und legen sich hin, während wir essen. Das haben sie gelernt, ohne den Einsatz scharfer Worte oder „Korrekturen". Ich hoffe, dass Sie nach der Lektüre meines Buches mit Ihrem Hund ähnliche Erfahrungen machen und genauso positive Erlebnisse haben dürfen wie ich.

Miteinander leben ist Kommunikation – Clickertraining ist Kommunikation

Das Leben mit Hunden ist eine wunderbare Bereicherung des Lebens. Ich möchte es nicht mehr missen. Im Alltag stellen sich allerdings schnell Probleme ein, wenn es um die gemeinsame Kommunikation geht. Der Mensch versucht verbal, durch Schieben, Ziehen, Drücken und Locken den Hund dazu zu bewegen, dass er nicht an der Leine zieht oder dass er überhaupt auf seinen Namen reagiert.

Wir brauchen eine gemeinsame Sprache

Das Wort Kommunikation kommt vom lateinischen „communicare". Communicare bedeutet *teilen, mitteilen, teilnehmen lassen; gemeinsam machen, vereinigen.* Der heute geläufigere Sinn-Inhalt von „Kommunikation" liegt im „Austausch von Information". Trotzdem bleibt der ursprüngliche Inhalt weiter erhalten: Kommunikation ist immer ein Teilnehmenlassen und funktioniert nur dann gut, wenn man gemeinsame Nenner hat.

Wie tauschen Hunde untereinander Informationen aus? Sie nutzen Körpersprache, Geruch/ Pheromone. Sie geben sich keine Namen und bringen sich kein „Sitz" und „Platz" auf Signal bei, sie rufen sich nicht von fliehenden Hasen ab. Wenn Hunde miteinander umgehen (etwas gemeinsam machen – kommunizieren), geht es um soziale Belange: Futter besorgen, sonstige Ressourcen, Nähe und Distanz, Sexualpartner. Sie tauschen mittels Blicken, Pheromonen und Körpersprache ihre Informationen aus: Pheromone zeigen beispielsweise an, ob eine Hündin läufig wird; ein Blick warnt einen potenziellen Kontrahenten. Unter Hunden ist die Kommunikation klar, eindeutig und wird von allen Hunden weltweit verstanden.

Im Zusammenleben mit einer anderen Art, die sich auf zwei Beinen bewegt und auch noch eine völlig andere Sprache spricht, ständig alles anfasst und Lautäußerungen von sich gibt, kommt es schnell zu Missverständnissen. Der Informationsfluss ist meistens eine Einbahnstraße: vom Menschen zum Hund. Menschen „überhören" die Signale des Hundes oder deuten diese fälschlicherweise als Angriff auf ihre Autorität. Das liegt an alten und überholten „Erkenntnissen" über Hunde beziehungsweise Wölfe: Von unseren Vierbeinern wurde ein Bild erschaffen, das den Hund als „nach Macht strebenden Bösewicht" in der Menschenwelt darstellt. Der Mensch müsse ständig auf der Hut sein, sonst würde eines Tages der böse Hund kommen und ihn unterwerfen. Lachen Sie schon? Diese Meinungen und Mythen sind in den letzten Jahren von renommierten Biologen und Verhaltensforschern wie zum Beispiel David Mech widerlegt worden. Der Hund darf und sollte endlich Hund sein dürfen, soweit es in unserer vom Menschen dominierten und städtischen Umwelt möglich ist.

Körpersprache ist die Art der Kommunikation, mit der Hunde sich mitteilen. Rutenhaltung, Ohren und Blick signalisieren, was gemeint ist.

„Als guter Hundehalter musst du dich wie ein Hund verhalten!"

Wir Menschen können nicht aus unserer Haut und uns wie Hunde benehmen. Schon allein der Umstand, dass wir auf zwei Beinen die Welt durchschreiten, lässt diesen Anspruch absurd erscheinen. Wir können uns nicht wie Hunde benehmen – es ist uns biologisch nicht möglich.

Durch die Domestikation – einige Wissenschaftler sprechen sogar von Koevolution – haben Hunde gelernt, auf menschliche Körpersprache zu achten und diese zu interpretieren. Leider fehlt umgekehrt häufig das Verständnis für die Signale unserer Hunde. Deshalb haben wir oft das Dilemma mit der Kommunikation zwischen zwei kulturell unterschiedlichen „Fremdsprachlern".

Signale – Zeichen – Emotionen

Was uns allerdings gemein ist, ist die Fähigkeit, neue Signale zu erlernen, zu erkennen und deren Bedeutung zuzuordnen. Immer verbunden damit sind Emotionen. Wir können das Emotionszentrum nicht ausschalten – es ist beim Lernen stets beteiligt. Das bewahrt uns vor immer gleichen Fehlern und zeigt uns Gutes wie auch Gefährliches an. Hunde haben schnell und zuverlässig ohne bewusstes menschliches Zutun gelernt, was passiert, wenn es nun an der Tür klingelt, oder welche Bedeutung der Griff zur Leine hat. Die emotionale Verknüpfung mit dem Griff zur Leine ist Freude – Vorfreude auf das, was kommen wird: ein schöner Spaziergang.

Umgekehrt kann ein Signal auch Unangenehmes ankündigen und Angst hervorrufen: Es reicht, wenn man in die Nähe der Tierarztpraxis oder deren Tür kommt, um am Hund Anzeichen von Angst erkennen zu können. Der Hund zittert, speichelt und weigert sich weiterzulaufen. Die Fähigkeit, Zeichen zuerkennen und darauf entsprechend zu reagieren und umgekehrt Zeichen zu senden, also zu agieren, ist vielen Lebewesen gegeben.

Zwischen Mensch und Hund müssen wir zunächst eine Basis zum Informationsaustausch (Kommunikation) schaffen. Hunde verstehen den Inhalt unserer Worte nicht. Sie hören lediglich Laute, die wir im Zusammenleben mit ihnen immer wiederholen, und registrieren die Art und Weise, auf die wir uns äußern: laut, bedrohlich oder nett und freundlich. Hunde müssen Verhaltensweisen erlernen, die in der menschlichen Umwelt notwendig sind. Sie werden durch Leine und Geschirr/Halsband in ihrer natürlichen Bewegung beeinflusst und eingeschränkt. Deswegen ist es von Vorteil und gibt

Sicherheit, wenn man eine Kommunikationsgrundlage, eine gemeinsame Sprache hat. Eine gemeinsame Sprache stellt in unserem Fall der Clicker beziehungsweise das Markerwort dar. Diese Zeichen sind eindeutig – so eindeutig wie in der Kommunikation unter Gleichartigen – und beeinflussen auch noch die emotionale Lage des anderen.

Wenn Clicker und Markerwort gelernt sind, sagen sie dem Hund zuverlässig, dass er etwas richtig gemacht hat und es für ihn im Gegenzug etwas Wichtiges von seinem Menschen gibt. Der Mensch hat die Möglichkeit, seinem Hund unmissverständlich mitzuteilen, was er richtig gemacht hat. Das funktioniert punktgenau, und diese Kommunikation kommt beim Hund auch klar und deutlich so an, wie sie gemeint war: Das war gut! Dafür gibt es etwas Tolles vom Menschen! Der angenehme Nebeneffekt: Das Markersignal (Clicker/Markerwort) ruft auch noch positive Gefühle hervor. Genauso wie der Griff zur Leine verlässlich Vorfreude auslöst.

Während meiner Arbeit mit dem Clicker habe ich oft gehört und gelesen, der „Vorteil" sei das „Neutrale" am Click und dass der Hund so eine „wertfreie" Information erhalte. Ich frage mich immer, wo denn die Komponente Mensch in dieser Aussage einen Platz findet. Der Mensch ist immer das entscheidende Element beim Training mit dem Hund – ob mit oder ohne Marker. Der Mensch zeigt immer durch Mimik und Körpersprache an, was er gerade fühlt.

Emotionslos aufseiten des Hundes ist die „neutrale" Information auch nicht, da der Click ja schon Freude auf die angekündigte Belohnung erzeugt, die Motivation, an einer Aufgabe weiterzuarbeiten. Der Click kommt vom Menschen und nicht von einem Futterautomaten. Außerdem findet Clickertraining nicht sprachlos statt. Natürlich spreche ich mit meinem Hund beim Training, ich streichle ihn und freue mich, wenn etwas gut läuft. Meine körperliche Anwesenheit ist doch Kommunikation! Der Informationsgehalt der gemeinsamen Sprache zwischen Mensch und Hund ist eindeutig emotional: Der Click ist der Wegweiser, weiterzumachen (Freude, Motivation); kein Click ist der Hinweis (Frust), dass das gezeigte Verhalten nicht das ist, was ich von meinem Hund erwartet habe. Dabei kann ich als Mensch meine Mimik nicht verbergen. Arbeiten mit Markern ist höchst gefühlvoll und beeinflusst Emotionen.

Ich möchte den Kommunikationswissenschaftler Paul Watzlawick zitieren:

„Man kann nicht nicht kommunizieren – man kann sich nicht nicht verhalten. Kommunikation funktioniert dann, wenn bei beiden Kommunikationspartnern Einigkeit über Inhalts- und Beziehungsaspekt herrscht."

Genau das ist Clickertraining! Mensch wie Hund haben eine klare Vorstellung davon, was der Click aussagt: Richtig gemacht – weiter so – die Belohnung kannst du dir bei deinem Menschen abholen. Eindeutiger kann Kommunikation nicht sein!

Früher war alles besser!

War früher wirklich alles besser? „Da brauchte man so einen neumodischen Kram nicht." Positiv kann man sehen, dass Hunde vor 100 Jahren in unseren Breiten beispielsweise noch auf Hundeart warnen durften. Kinder wurden ermahnt, den Hund nicht zu ärgern. Empfand der Vierbeiner das Ziehen am Ohr als lästig und fing er an zu knurren oder schnappen, war das völlig in Ordnung. Das aufdringliche Kind wurde meist noch bestraft, weil es den Hund geärgert hatte. Negativ an der „guten alten Zeit" waren die Ausbildungstechniken. Das hatte nichts mit bewusstem Lernen zu tun, sondern mit dumpfer Dressur. Hunde, die sich gegen den „Herrn" stellten, indem sie sich wehrten, lebten nicht mehr lange. Heute müssen Hunde meist in einer Welt leben, in der sie weder knurren dürfen noch genügend Raum zur Bewegung haben. Hunde müssen freundlich, friedlich, schön und nett sein. Sie dürfen keine Angst haben, und Aggression darf überhaupt nicht im Verhaltensrepertoire vorhanden sein.

Bedenken Sie eines: Hunde haben nie die Möglichkeit gehabt, sich ihre Familie auszusuchen oder bei „Nichtgefallen" abzuwandern. Hunde werden gezwungen, bei „dem" Menschen zu leben.

Reichen diese Punkte nicht aus, um sich für tierfreundliche Trainingstechniken zu entscheiden? Wir sind es unseren Hunden schuldig, sie auf eine Umwelt vorzubereiten, die hündisches Verhalten und Aggression nicht mehr ohne Weiteres akzeptiert. Deshalb mutet es paradox an, Aggression mit Aggression vonseiten des Menschen kurieren zu wollen – Biologie, Verhaltensforschung und Neurobiologie haben uns mittlerweile viele Argumente dafür geliefert, dass man mit Aggression selbige nicht „bekämpfen" kann. Deshalb brauchen wir in unserer Zeit auch dem Wissensstand angepasste Trainingstechniken, um Verhalten und Gefühle zu verändern – Clickertraining ist die logische Konsequenz aus den genannten wissenschaftlichen Disziplinen.

Miteinander leben ist Kooperation – Kooperation ist Vorteil für alle Beteiligten

Was ist Kooperation?

Kooperation ist das Zusammenwirken von Handlungen zweier oder mehrerer Lebewesen und führt typischerweise zu allseitigem Nutzen. Das Zusammenleben von Mensch und Hund ist von Kooperation geprägt.

Einige Kaniden (Hundeartige) kooperieren miteinander, wenn es um Vorteile geht, die für einen allein nicht zu erreichen wären: Futterbeschaffung – Jagd auf größeres Wild. Zudem gibt das Leben in einer Gruppe Sicherheit. Auch zwischen verschiedenen Arten gibt es Kooperation (Symbiose) – ein bekanntes Beispiel sind wohl der Clownfisch (Anemonenfisch) und die Anemone: Der Fisch ist vor den für andere Meeresbewohner unangenehm brennenden Nesselzellen der Anemone durch eine Schleimschicht geschützt. Er „wohnt" in der Anemone und zieht dort seine Nachzucht gefahrenfrei groß. Im Gegenzug verteidigt er „seine" Anemone gegenüber Angreifern.

Kooperation ist Weiterentwicklung – gemeinsam erreicht man Ziele, die allein nicht möglich sind.

Kooperation lässt sich nicht erzwingen, zumindest nicht für ein Zusammenwirken, bei dem alle Beteiligten gleichermaßen erfolgreich sind. Erzwungene Kooperation lässt einen Beteiligten immer als Gewinner hervorgehen. Dem anderen Teil der Zwangsgemeinschaft erbringt diese Zusammenarbeit im besten Fall keinen großen Schaden. Kooperation ist getragen von gemeinschaftlichem Tun.

Kooperation ist Kommunikation

Das Miteinander-Arbeiten funktioniert nur, wenn man auch auf der gleichen Basis kommuniziert. Der Clicker/das Markersignal ist die Basis der Kommunikation zwischen Mensch und Hund. Clicker und Markersignal sind das Angebot, miteinander zu kooperieren. Es ist eine Zusammenarbeit, die für beide Teile dieser Übereinkunft positiv ausfällt: Der Mensch erfährt Zuwendung vom Hund, der Hund Zuwendung und Bedürfnisbefriedigung vom Menschen.

Denken Sie daran: Wir können nicht nicht kommunizieren! Durch den Clicker/das Markersignal können wir bewusst und konkret mit

Ein Hund, der gelernt hat, dass Kooperation mit seinem Menschen für ihn vorteilhaft ist, und der sicher sein kann, dass ihn ein freundlicher Mensch erwartet – der kommt auch gern zurück.

unserem vierbeinigen fremdsprachigen Mitbewohner kommunizieren und Zusammenarbeit bekommt eine neue Qualität: Es ist keine Einbahnstraße vom Menschen zum Hund, indem wir etwas vom Hund verlangen, sondern umgekehrt auch eine Verbindung vom Hund zum Menschen, über die der Hund durch angebore-

ne Verhaltensweisen ein Feedback vom Menschen erhält. So erlernen Hunde durch gemeinsames Arbeiten soziale Kompetenz wie Frustrationstoleranz, sofern die Belohnung nicht gleich kommt oder unerwartet ausfällt. Außerdem erkennen sie, welches erwünschte Verhalten sie in ihrer Umwelt zum Ziel führt. Wie könnte es einfacher funktionieren, als wenn man die gleiche Sprache spricht? Wenn der Mensch mit dem Hund trainiert, ist es immer soziale Interaktion – der Hund sitzt schließlich nicht vor einem Spielautomaten und „zockt" um sein Hundefutter.

Erfolgreiche Kooperationen sind geprägt von gegenseitiger Aufmerksamkeit, Befriedigung von Bedürfnissen, guter Kommunikation und einem positiven Austausch.

Kooperation ist Kommunikation, ist Aufmerksamkeit

Eine gemeinsame Sprache nützt nichts, wenn der Kommunikationspartner mir nicht seine volle Aufmerksamkeit schenkt. Bezogen auf unsere Beziehung zum Hund heißt das, dass

Aufmerksamkeit in beide Richtungen ist Kommunikation!

Zusammen mit dem Hund im Straßencafé sitzen und den Tag genießen. Emma hat gelernt, auch unter großen Ablenkungen auf Maria zu achten.

wir nicht in einer Einbahnstraße vom Menschen zum Hund agieren, sondern der Hund lernt, seine Aufmerksamkeit weg von ihm wichtigen Dingen hin zum Menschen zu lenken. Kommunikation und Kooperation ist immer mit Aufmerksamkeit auf beiden Seiten verbunden.

Das Säugetiergehirn hat da allerdings so seine Tücken: Es ist nicht in der Lage, die Fülle von Reizen und Informationen, denen es ständig ausgesetzt ist, zu verarbeiten. Deshalb muss es selektieren, welche der Informationen in einer Situation wichtig sind und welche nicht. *Aufmerksamkeit ist lebenswichtig!* Für den Organismus in einer bestimmten Situation unwichtige Informationen werden ausgeblendet. *Aufmerksamkeit bedeutet Zuwendung (Orientierung) hin zu dem selektierten Objekt.* Dafür treten andere Informationen in den Hintergrund und werden auch nicht abgespeichert.

Hier haben wir schon die nächste wichtige Komponente für Aufmerksamkeit: *Es wird nach*

Wichtigkeit der Information selektiert. Dabei werden zuerst Gefahrensignale und Unbekanntes verarbeitet. Ungewöhnliche Dinge ziehen Aufmerksamkeit auf sich, da sie eventuell eine Gefahr darstellen könnten. Außerdem richtet sich Aufmerksamkeit auf emotional belegte Informationen. Diese sind für den Organismus indirekt relevant, da sie Signale bezüglich der Wichtigkeit von Informationen geben. Das bedeutet nichts anderes, als dass ungewöhnliche Dinge auf ihre Bedeutsamkeit hin bewertet werden – droht Gefahr, winkt Futter etc. Je größer die emotionale Bedeutung einer Information für das Individuum ist, desto mehr Aufmerksamkeit wird ihr geschenkt.

Bedürfnisse und Interessen spielen bei der Entstehung und Verteilung von Aufmerksamkeit eine entscheidende Rolle. Hat ein Hund Hunger, so ist dieses Bedürfnis maßgeblich daran beteiligt, worauf er seinen Fokus richtet. Dem Rascheln einer Maus im Laub wird in diesem Fall Aufmerksamkeit geschenkt, weil dieses Signal Bedürfnisbefriedigung bedeuten kann.

Es gibt einige grundlegende Dinge, die bei allen Lebewesen Aufmerksamkeit erregen:

- Größe und Reizintensität (heiß-kalt, hungrig-satt, plötzliche laute Geräusche, Lichtblitz)
- Bewegung (Abweichen der Bewegung eines Objekts von anderen Objekten, sich nähernde Objekte etc.)
- Farbigkeit (Fokussierung auf Kontraste, bestimmte Farbkombinationen)
- Kontrast zur Umgebung (Objekte im Gegenlicht)
- Scharfe und regelmäßige Begrenzung
- Auffällige Symmetrie
- Eine Position an bestimmter Stelle des Gesichtsfeldes, zum Beispiel links oben

Emotional belegten Informationen wird Aufmerksamkeit geschenkt: Der Click/das Markersignal ist eine sehr emotionale Information. Dieses Signal bedeutet Bedürfnisbefriedigung (Zuwendung, soziale Interaktion, Futter etc.) mit dem und durch den Menschen.

Der Click ist das Signal für Kooperation, Kommunikation und Interaktion.

Wie alles begann

Die amerikanische Biologin Karen Pryor hat in den Sechzigerjahren des vorigen Jahrhunderts erstmals bei der Erziehung von Delfinen mit einem Markersignal gearbeitet. Delfine lassen sich nicht an der Leine zu irgendwelchen Verhaltensweisen animieren, und schon gar nicht kann man ihnen mit Strafe etwas beibringen. Wildtiere reagieren auf Strafe entweder mit Aufkündigung der Zusammenarbeit (Verweigerung der Kooperation) oder gleich mit wehrhafter Aggression.

Wie aber erhält man eine Kommunikationsbasis mit Meeressäugern? Die Idee war so einfach wie auch genial: Sie koppelte ein Pfeifsignal mit Futter. Jedes Mal, wenn dieses Signal für die Delfine zu hören war, bekamen sie eine Futterbelohnung – Fisch. Im weiteren Training wurde nur noch „richtiges" Verhalten durch das Pfeifsignal markiert und wurde so zum Signal, dass das eben gezeigte Verhalten korrekt war und erst etwas später belohnt wurde. Die Pfeife war hier nicht das „Kommando"!

In den späten Achtzigern des letzten Jahrhunderts hat Karen Pryor dann gemeinsam mit Gary Wilkes dieses Kommunikationssystem auf die Arbeit mit Hunden übertragen. Doch damit waren sie nicht die Ersten, die mit Marker Hunde trainierten. Schon in den Vierzigerjahren arbeitete das Biologenehepaar Marian und Keller Breland mit Hunden und einem clickerähnlichen Gerät. Erst Karen Pryor hat im Weiteren diese Art des Trainings in der Erziehung von Hunden weltweit bekannt gemacht.

Heutzutage wird dieses Training in vielen Zoos angewandt, um Tiere auf Tierarztbehandlungen vorzubereiten und um die tägliche Pflege für beide Seiten angenehmer zu gestalten: Elefanten lernen so, ihr Bein zur Fußpflege auf einen Podest zu stellen, mithilfe des Clickers haben sie diese Behandlung positiv kennengelernt. Sie kooperieren freiwillig mit ihrem Tierpfleger.

In den letzten zwei Jahrzehnten, in denen die Arbeit mit Markersignalen im Hundebereich Einzug gehalten hat, ist viel passiert. Viele Dinge wurden weiterentwickelt, probiert und verändert. Das ist das Schöne am Arbeiten mit Markersignalen: Es ist vielfältig, kommunikativ, lässt Freiraum für Lösungswege und bietet immer wieder neue Herausforderungen für das Mensch-Hund-Team.

Was ist Lernen überhaupt?

Der Arbeit mit Lebewesen (Mensch wie Hund) sollte eine gute Basis von Wissen zugrunde liegen. Dazu reicht es nicht, etwas zu tun und gleichzeitig zu hoffen, dass es klappt. Wissen hilft uns dabei, uns weiterzuentwickeln und Dinge zu verändern. Da Sie dieses Buch lesen, sind Sie gerade auf dem Weg, Ihr Wissen durch Lernen zu erweitern und vielleicht auch Ihr Verhalten zu verändern:

Nach Zimbardo (1992) kann man *„Lernen als einen Prozess definieren, der zu relativ stabilen Veränderungen im Verhalten oder im Verhaltenspotenzial führt und auf Erfahrung aufbaut."*

Im Kapitel Kommunikation (siehe Seite 10 ff.) habe ich bereits beschrieben, dass sowohl Hunde als auch Menschen bestimmte Zeichen mit Ereignissen emotional und auch rational miteinander in Verbindung bringen und ihnen mehr oder weniger Aufmerksamkeit schenken. Dies ist die einfachste Art, etwas über seine Umwelt sowie die Folgen zu erfahren und zu lernen. Im Tierreich signalisieren beispielsweise Warnlaute einer Tierart den anderen Tieren, dass Gefahr droht; Signalfarben kennzeichnen Tiere und Pflanzen als ungenießbar oder gefährlich.

Es ist wichtig, die Zeichen für Gefahr schnell zu erkennen und darauf keine weitere Energie zu verschwenden. Ein Tier, das immer wieder das Rasseln einer Klapperschlange ignoriert, wird früher oder später sein Leben verlieren.

Signale, die Futter und Bedürfnisbefriedigung ankündigen, sind durch wiederkehrende unregelmäßige Belohnungen gekennzeichnet. Es wird Energie darauf verwandt, weil damit das Überleben gesichert wird. Zeichen zu erkennen und entsprechend zu handeln, ist lebenswichtig.

In der Lernpsychologie heißt das Erlernen eines Reizes *„klassische Konditionierung"*. Entdeckt und erforscht wurde dies Anfang des 20. Jahrhunderts von Iwan P. Pawlow. Demzufolge *erhält ein vorher neutraler Reiz eine Bedeutung.* Durch das Erkennen dieser Reize sind wir in der Lage, uns sicher in unserer Umwelt zu bewegen und entsprechend zu agieren und zu reagieren. Schon das erlernte Zeichen allein kann Angst oder Freude auslösen. So haben wir beispielsweise ein unangenehmes Gefühl, wenn wir einen summenden Zahnarztbohrer hören, oder erinnern uns gern an unseren letzten Strandurlaub, wenn wir Meeresrauschen hören. Visuelle Zeichen, Geräusche, Berührungen und Gerüche sind immer mit dem Gefühlszentrum verknüpft. Insbesondere Gerüche gelangen ohne Umwege in den Bereich unseres Gehirns, der für Gefühle zuständig ist.

Diese Art des Lernens lässt sich schwer beeinflussen und erfolgt in jeder Minute unseres Lebens. Es ist wichtig zu wissen, welche Folgen Beachtung oder Nichtbeachtung eines Zeichens haben. Wird etwas Gutes oder Schlechtes folgen?

Die Bedeutung des „Clicks" wird auf genau dieser Basis erlernt: Es wird etwas besonders Gutes mit dem Geräusch (Zeichen) verknüpft.

Zusammenfassung:
- Beim Signallernen (klassische Konditionierung) wird ein Reiz mit einer emotionalen Bedeutung verknüpft.
- Das Signal erhält Voraussagecharakter – das gibt dem Individuum Sicherheit und Kontrolle in seiner Umwelt.
- Es wird *kein* Verhalten gelernt.

Versuch und Irrtum – Probieren, was sich lohnt

Bis hierhin war das Lernen oftmals passiv und erklärt nicht, wie neue Verhaltensweisen entstehen. Lernen neuer Dinge ist ein aktiver Vorgang. Hier zeigt ein Individuum spontan ein Verhalten, und die Konsequenz aus diesem Tun entscheidet, ob es wiederholt wird oder nicht. Im lernbiologischen Sinn nennt sich das *operante* beziehungsweise *instrumentelle Konditionierung*. *Lernen durch Versuch und Irrtum.*

Pionier auf dem Gebiet war Edward Lee Thorndike, der bereits 1898 das *„Gesetz der Wirkung"* formulierte: *„Wird in einer bestimmten Situation eine bestimmte Reaktion von befriedigenden Konsequenzen (Belohnung) gefolgt, dann wird die Assoziation zwischen der Situation (den anwesenden Reizen/Stimuli) und der Reaktion gefestigt beziehungsweise verstärkt. Kommt der Organismus erneut in diese oder eine ähnliche Reizsituation, wird er die Reaktion mit einer größeren Wahrscheinlichkeit als zuvor zeigen"* (zitiert aus dem Onlinewörterbuch *Wikipedia*).

Einfacher ausgedrückt bedeutet das: Jede für das Individuum positive Konsequenz auf ein Verhalten festigt das Verhalten und es wird wiederholt. Die Konsequenz muss vom einzelnen Individuum als positiv empfunden werden. Wichtig: Was für den einen angenehm ist, kann für den anderen als nicht erstrebenswert gelten.

Thorndike stellte des Weiteren die These auf, dass Verhalten durch befriedigende Konsequenzen „verstärkt" wird.

Im Umkehrschluss gibt es auch das *„Negative Gesetz der Wirkung"*: *„Wird ein Verhalten in einer bestimmten Situation von negativen (aversiven) Konsequenzen gefolgt, sinkt die Auftretenswahrscheinlichkeit dieser Reaktion in der Situation"* (zitiert aus dem Onlinewörterbuch *Wikipedia*).

Außerdem wird der Lernstoff durch Wiederholungen besser eingeprägt. Diese einfachen Grundlagen des Lernens sind für jedes Lebewesen gleich.

Das Schlagwort der Hundeerziehung und besonders des Clicker-/Markertrainings ist die *„positive Verstärkung"*. Dieser Begriff entstammt den Forschungsarbeiten B. F. Skinners, der Verhalten im Labor untersucht hat, sich aber nicht mit den inneren Vorgängen eines Individuums beim Lernen beschäftigt hat. Für Skinner ist Lernen ein mentaler Vorgang, der sich im Umgang mit Tieren verbietet; dafür benutzte er das Wort *„Konditionieren"*.

„Konditionieren" beschreibt das Erlernen eines Reiz-Reaktions-Musters, ohne dabei innere Vorgänge wie Gefühle und Gedanken zu berücksichtigen.

**Verhalten beeinflussen –
Konsequenzen bewusst einsetzen**

Verhalten wird öfter gezeigt, wenn die daraus folgende Konsequenz befriedigend für das jeweilige Individuum ist. Verhalten wird weniger oder gar nicht mehr gezeigt, wenn die Antwort darauf negativ beziehungsweise aversiv (ablehnend) ausfällt. Betrachten wir das sogenannte „Quadrat der Konsequenzen" (siehe Grafik):

Positiv und negativ stehen hier nicht für die Wertung „gut" oder „schlecht". Hier handelt es sich nur um den mathematischen Begriff von hinzufügen (+ = positiv) und wegnehmen (- = negativ).

Ein kurzes Beispiel: Wir üben mit unserem Hund das „Sitz":

- *Positive Verstärkung* = Der Hintern des Hundes berührt den Boden und der Hund bekommt ein schmackhaftes Leckerchen.
- *Positive Strafe* = Der Hund setzt sich nicht sofort hin; er bekommt einen Klaps auf den Hintern.
- *Negative Verstärkung* = Es wird so lange auf den Hundehintern gedrückt, bis der Hund sich hinsetzt; dann hört der Druck auf den Hintern sofort auf.
- *Negative Strafe* = Der Hund setzt sich nicht; man dreht sich weg und lässt auch die Leckerchen in der Tasche verschwinden. Es gibt keine Belohnung mehr.

Positive Verstärkung	Positive Strafe
Angenehmes wird hinzugefügt	Unangenehmes wird hinzugefügt

Negative Verstärkung	**Negative Strafe**
Unangenehmes wird entfernt	Angenehmes wird entfernt

Quadrat der Konsequenzen.

Hunde sind keine Reiz-Reaktions-Maschinen. Ihr Verhalten ist immer an Gefühle gekoppelt, wie bei allen Lebewesen. Der Wissenschaftler Jaak Panksepp hat in den späten Neunzigerjahren die emotionale Basis bei Tieren belegt und der Biologe Mark Beckoff beschäftigt sich seit Jahrzehnten mit dem Gefühlsleben von Tieren. Gefühle sind der Schlüssel zu verlässlichem Lernen.

„Aus lernpsychologischer Sicht wird Lernen als ein Prozess der relativ stabilen Veränderung des Verhaltens, Denkens oder Fühlens aufgrund von Erfahrung oder neu gewonnenen Einsichten und des Verständnisses (verarbeiteter Wahrnehmung der Umwelt oder Bewusstwerdung eigener Regungen) aufgefasst" (zitiert aus dem Onlinewörterbuch *Wikipedia*).

Wir verändern durch Training mit dem Hund Verhalten und Gefühle (Assoziation) durch neue Erfahrungen. Diese veränderten Verhaltensweisen werden durch Wiederholung und Übung zuverlässig und stabil. Durch Training erhalten unsere Hunde immer mehr Erfahrungswerte darüber, wie sie in bestimmten Situationen agieren beziehungsweise reagieren können. Die geübten Signale erhalten Ankündigungscharakter und beeinflussen Emotionen: Jedes positiv aufgebaute Signal ruft positive Gefühle hervor. Zeigt sich ein Verhalten zuverlässig in vielen verschiedenen Situationen, hat der Hund es gelernt. Dazu ist es nicht notwendig, mit „positiver Strafe" zu arbeiten.

Strafe muss sein – Muss Strafe sein?

Unter Strafe, wie sie umgangssprachlich gemeint ist, versteht man im lernpsychologischen Sinn Folgendes: Das Hinzufügen von aversiven Reizen (sie sind mit einer allgemeinen Angstreaktion gekoppelt) – Verhalten wird daraufhin abgebrochen und unterdrückt. Die Problematik beim Bestrafen auf diese Art ist folgende:

- Sie müssen sofort beim ersten Auftreten des „Fehlers" bestrafen.
- Sie müssen so intensiv strafen, dass die Wahrscheinlichkeit, dass Ihr Hund diesen Fehler noch einmal beget, gegen null sinkt.
- Müssen Sie öfter als zweimal in dieser oder ähnlicher Situation strafen, so haben Sie entweder nicht hart genug bestraft oder der Hund sieht Ihre Strafmaßnahme nicht als solche an.
- Außerdem sind Sie immer bei der Strafhandlung anwesend – der Hund verknüpft die Strafe mit Ihnen.

Die Anwendung von Strafe bringt gewisse Probleme mit sich: Sie können das Verhalten nicht bestrafen, wenn Sie nicht anwesend sind; der Hund verknüpft negative Gefühle mit Ihnen; der Hund hat gelernt, dass es für ihn sicherer ist, Dinge außerhalb Ihrer Anwesenheit oder Reichweite zu tun.

Beim Einsatz von positiver Bestrafung stellen sich demnach folgende Fragen an den Strafenden:

- Sind Sie in der Lage, sofort so hart zu strafen, dass der Hund dieses Verhalten nie wieder zeigen wird?
- Sind Sie sicher, dass der Hund die Strafe mit seiner Handlung in Verbindung bringt? Wenn nicht, versteht der Hund nicht, wofür Sie ihn bestraft haben. Hier droht ein großes Maß an Fehlverknüpfungen. Bestes Beispiel dafür ist der Weidezaun. Ich kenne viele Hunde, die aufgrund einer unangenehmen Berührung mit einem stromgeladenen Weidezaun Angst vor den seltsamsten Dingen haben: ein Bach, Wiesen, Pferde, Schotterwege. Das, worauf der Hund gerade seine Aufmerksamkeit gerichtet hat, wird nämlich mit dem plötzlichen Schmerz verknüpft und nicht etwa mit dem Draht, den der Hund berührt. Können Sie denn hundertprozentig wissen, worauf Ihr Hund bei der Bestrafung seine Aufmerksamkeit gelenkt hat? Mit einem Leinenruck bei Hundebegegnungen erreichen Sie also genau das Gegenteil. Sie erklären dem bellenden Hund: Immer wenn ein anderer Hund auftaucht, wird es enorm unangenehm für mich.
- Sind Sie sicher, dass Sie bei der Intensität der Strafe so ausgewogen sind, dass der Hund keinen größeren Schaden davonträgt (körperlich wie seelisch, beispielsweise Angst)?
- Sind Sie sicher, dass der Hund sich nicht wehren und in Panik zuschnappen wird?

Sie sehen, diese Art der Strafe muss absolut auf den zu Bestrafenden und die Situation passen, damit sie auch so wirkt, wie sie soll: Bestimm-

tes Verhalten wird unterlassen. *Bei positiver Strafe wird kein neues beziehungsweise alternatives Verhalten gelernt, es wird immer nur Verhalten unterdrückt.*

Wie sag ich es meinem Hund?

Im Einführungskapitel (Kommunikation, siehe Seite 10 ff.) habe ich bereits ausgeführt was Kommunikation ist und wie man klar und eindeutig mit seinem Hund kommunizieren kann. Noch kurz zu dem lernbiologischen Hintergrund des Markersignals: Der Clicker ist ein sogenannter „sekundärer Verstärker". Folglich gibt es auch „primäre Verstärker": Diese sind von Geburt an wirksam – Befriedigung von Bedürfnissen wie Futter, Trinken, Schlaf, Unterkunft, Sexualität etc.

Sekundäre Verstärker werden erlernt – meist gekoppelt mit einem primären Verstärker. In der menschlichen Welt wäre das zum Beispiel Geld, mit dem wir wiederum unsere Grundbedürfnisse befriedigen können.

Folgt auf den sekundären Verstärker nie mehr ein primärer Verstärker, geht seine Bedeutung verloren. Er wird unwirksam. Deshalb folgt nach einem „Click" auch immer ein primärer Verstärker.

Der „Click" wird so zum Hinweis für den Hund, dass er erstens etwas richtig gemacht hat und zweitens etwas kommen wird, das für ihn wichtig ist. *Verhalten wird verstärkt, wenn Bedürfnisse befriedigt werden!* Folgt nach dem Hinweis („Click") nichts, was für den Hund in dieser Situation Bedeutung hat, wird das markierte Verhalten im Weiteren auch nicht öfter auftreten.

Der Mensch hat es mit dem Clicker/Markersignal in der Hand, was er seinem Hund kommunizieren und welches gewünschte Verhalten er festigen möchte. Bedenken Sie: Angenehme Konsequenz für Ihren Hund bedeutet Belohnung = Bedürfnisbefriedigung.

„Das Belohnungssystem im Gehirn schüttet immer dann Botenstoffe wie Dopamin oder körpereigene Opiatpeptide aus, wenn ein Verhalten besonders nützlich ist und entsprechend als angenehm empfunden wird" (Wilhelm, 2009).

Bestechung

Immer wieder bekomme ich zu hören, das sei ja Bestechung, und der Hund täte das Verlangte nur, weil ich ein Leckerchen habe. Ohne Leckerchen würde er das nicht mehr tun. Bestechung im lernpsychologischen Sinne gibt es nicht. „Bestechung" findet ihre Grundlage im Strafrecht. Da geht es um die Erlangung eines Vorteils durch eine pflichtwidrige Handlung. Einer gibt eine Bestechung, der andere nimmt sie an, um daraufhin zu handeln. Wie übertragen wir das nun auf den Hund? Im eben beschriebenen Fall würden wir von unserem Hund erwarten, dass er zuerst den Keks nimmt und sich dann hinsetzt. Mit etwas Glück macht er das sogar. Aber ist es nicht vielmehr so, dass dem Hund zuerst ohne Keks gesagt wird, was er tun soll? Macht er es nicht, dann kommt die angebliche Bestechung dazu. Wir wissen, dass Hunde durch Assoziation lernen. Sie haben gelernt, Zeichen und Kontexte zu erkennen, zuzuordnen und damit Aussagen im Hinblick auf voraussichtliche Ereignisse zu treffen. Der Hund hat in dem Zusammenhang Folgendes gelernt: Sitz bedeutet, dass der Mensch die Hand mit einem Keks hebt. Fehlt der Keks in der menschlichen Hand, hat dieses Signal nicht die Bedeutung „Hintern auf den Boden".

Locken ist etwas, worauf man weitestgehend verzichten sollte. Erstens weil die Gefahr der Verknüpfung mit dem Leckerchen/Spielzeug besteht. Zweitens wird durch Locken nicht die bewusste Ausführung gelernt. Der Hund rennt nur dem Wurstzipfel hinterher, und sobald man kein Leckerchen mehr in der Hand hat, zeigt er das gewünschte Verhalten nicht mehr. Der richtige Kontext fehlt und die bewusste Körperhaltung ist nicht im Gedächtnis geblieben. Um Verhaltensweisen auszulösen oder Richtungen zu weisen, eignet sich das Arbeiten mit Targets (siehe Seite 46 ff.) wesentlich besser.

Ich unterscheide bei Belohnungen zwischen dem *Aufbau einer Übung* und dann, nach sorgfältigem Aufbau, der *Festigung durch variable Verstärkung* (siehe Kapitel „Werden Sie variabel", Seite 59 ff.). Am Anfang nutze ich für den ersten Aufbau und die Formung einer Übung abgezählte kleine schmackhafte Leckerchen, da ich so eine bessere Kontrolle über Trainingseinheiten habe. Die Leckerchen variiere ich aber auch – jeden Tag Pizza kann auf Dauer trist sein.

Beim Aufbau und der Generalisierung einer Übung wird immer geclickt und belohnt. Habe

Seien Sie auch bei den Leckerchen variabel und probieren Sie aus, welche Vorlieben Ihr Hund hat.

ich das Verhalten in jeder Situation so trainiert (geformt), wie ich es mir vorgestellt habe, schwenke ich um auf situations- und bedarfsgerechte Belohnungen: Sie können Ihrer Fantasie freien Lauf lassen und ausprobieren, was Ihr Hund in bestimmten Situationen wirklich mag! Mag Ihr Hund gern Futter, können Sie für die Generalisierung draußen einen Teil des Futters als Belohnungen nutzen. Futter ist variabel in Menge und Qualität einsetzbar. Außerdem erfüllt Futter ein Grundbedürfnis.

Vergessen Sie auch nicht, dass Spiel zur Belohnung eingesetzt werden kann: Ein Spielzeug, das Sie nur draußen benutzen, ein Futterbeutel, Kombination aus Futter und Spiel (Futterbröckchen werfen und erschnüffeln), Rennspiele mit dem Hund, den Hund schwimmen lassen, einen Trick abfragen … Es gibt so viele Möglichkeiten, seinen Hund situationsgerecht und dem eigenen Temperament angepasst zu belohnen und gemeinsam etwas zu tun.

Wenn Sie von Ihrem Hund erwarten, dass er mit Ihnen etwas macht, müssen Sie ihm auch zeigen, dass gemeinsames Tun von Ihnen beantwortet wird. Stupides Ballwerfen ist keine gemeinsame Tätigkeit – Sie degradieren sich zum Ballwurf-O-Mat! Außerdem machen Sie sich zum Balldealer und Ihren Hund zum Balljunkie. Kontrollierte Beutespiele mit einem Futterbeutel/Spielzeug sind soziale Aktivitäten/Kooperation – jeder hat etwas davon.

Wichtig!

Belohnung muss Bedürfnisse befriedigen: Nahrungsaufnahme ist zum Beispiel ein Grundbedürfnis. „Schlechte" Leckerchen sind fast Bestrafung und werden den Hund weder weiter motivieren noch das jeweilige Verhalten häufiger hervorrufen.

Belohnung ist kontextabhängig: Futterbelohnung bei Hitze befriedigt kein Bedürfnis. Wasser und Schwimmen wären hier die Belohnungen, die Verhalten am besten verstärken können. Nutzen Sie verstärkt begehrenswerte Verhaltensweisen für Belohnungen: Mäuschenbuddeln, Futtersuchen, Rennen, Beutespiele …

Luna bekommt ihre Belohnung hier nicht aus der Hand, sondern muss das Leckerchen erst im Gras erschnüffeln.

Generalisieren – Sitz ist überall

Übertragung will gelernt sein: Hunde können sehr schlecht ein gelerntes Verhalten auf andere Situationen übertragen. Das heißt konkret: Sie müssen die Übung langsam mit vielen Umweltreizen und Orten verbinden. Jetzt sagen Sie: „Das wird aber lange dauern!" Das stimmt nicht ganz. Der Hund muss lernen, dass seine Aufmerksamkeit zum Menschen auch in anderen Zusammenhängen und an anderen Orten gefragt ist.

Die meisten Hunde sind es gewohnt, dass man sie in jede Position hineinlockt, drückt oder zieht. Wenn Sie Ihren Hund immer noch ins „Sitz" drücken müssen, dann ist das Verhalten auch nicht richtig gelernt – Ihr Hund kann es

nicht, Sie haben es nicht korrekt trainiert. Aufmerksamkeit können Sie nur gewinnen, wenn Ihr Hund eine gute emotionale Verknüpfung mit Ihnen hat. Hunde, die im Training mit dem Clicker erfahren sind, schaffen die Übertragungsleistung auf neue Situationen meistens schnell. Es hilft, ein Trainingstagebuch zu führen: Schreiben Sie auf, wie oft und lange Sie mit Ihrem Hund die neue Übung in welchen Situationen geübt haben. Wenn Sie die Minuten zusammenzählen, werden Sie sehen: So lange war das gar nicht.

Haben Sie die Übung sorgfältig aufgebaut und generalisiert, ist die Zeit gekommen, Click und Leckerchen zu reduzieren. Es ist wichtig, dass Sie wirklich erst dann zu diesem Schritt übergehen, wenn das Verhalten perfekt und in den meisten Ablenkungsstufen abrufbar ist. Ein halb gefestigtes Verhalten wird auch nur halb abrufbar sein, da dem Hund nicht klar ist, worum es wirklich geht. Sie werden enttäuscht, Sie und der Hund sind frustriert, weil es nicht klappt.

Das Wichtigste: Werden Sie variabel!

Haben Sie die Übung in vielen verschiedenen Situationen und Ablenkungsstufen mit Ihrem Hund geübt und sind Sie mit der Ausführung zufrieden, beginnen Sie variabel zu werden. Clicken und belohnen Sie nicht mehr bei jeder korrekten Ausführung des Signals. Beginnen Sie auch mit variablen Intervallen: jedes zweite Sitz, jedes fünfte, dann wieder das dritte und so weiter. Natürlich dürfen Sie sich über die Ausführung des Signals freuen!

Es ist wichtig, das richtige gelernte Verhalten variabel zu belohnen. So bleibt es sta-

bil erhalten und zuverlässig abrufbar. Alle Tiere, die auf die Jagd gehen, müssen das Jagen erst erlernen und perfektionieren. Bleiben wir bei den hundeartigen Beutegreifern: Schon im Welpen- und Junghundalter üben sie mit Wurfgeschwistern Jagdsequenzen und übertragen diese langsam auf die belebte Umwelt/kleine Beutetiere. Nicht jede Jagd ist von Erfolg gekrönt. Weil der Jagderfolg aber zwischendurch doch gegeben ist, bleibt das Verhalten zuverlässig erhalten: Mäuschen jagen, und wenn zufällig ein Hase vor der Nase hochgeht und erlegt wird, ist die Belohnung am Ende groß: ein satter Jagderfolg – Grundbedürfnis befriedigt. Auch wenn das Tier nicht immer jeden Hasen in seiner Nähe erwischt, reicht es aus, wenn sich zwischendurch immer wieder der Erfolg einstellt. Fängt er nie mehr einen Hasen, so wird er das Hasenjagen unterlassen.

Es ist widersinnig für ein Lebewesen, Energie auf etwas zu verschwenden, was überhaupt keinen Erfolg bringt. Besonders nicht im Zusammenhang mit der Futterbeschaffung. Futter ist für jedes Individuum lebenswichtig. Nichts geht ohne ausreichend Energie. Auch wenn unser Beutegreifer keinen Hasen mehr fängt, bleibt das Verhalten „Jagen" weiter bestehen: Es variieren die Belohnungen, die am Ende einer Jagd stehen: vom kleinen Mäuschen bis hin zu gemeinschaftlich erlegtem Großwild. Sollte unser Beispielkanide doch zufällig über einen Hasen stolpern und ihn erwischen, wird er sie auch in Zukunft wieder jagen.

Dieses Beispiel zeigt zusätzlich, dass beim Erlernen und Erhalten dieses lebenswichtigen Verhaltens in der Natur nirgendwo positive Strafe auftaucht. Führt die Jagd nicht zum Erfolg, ist die Konsequenz daraus ein leerer Magen. Der „Jäger" wird bei seiner Rückkehr von den übrigen Familienmitgliedern deshalb nicht etwa verprügelt. Trotzdem wird er beim nächsten Hunger wieder losziehen und die Jagd aufnehmen. Vielleicht winkt sogar ein Reh als Belohnung!

Was heißt das für Sie?
Seien Sie überraschend!

Spielen Sie mit Belohnungen jeglicher Art! Ihr Hund darf nicht wissen, ob und was ihn durch die Zusammenarbeit mit seinem Menschen erwartet. Sie sagen, dann reicht es ja, wenn der Hund kommt und Sie sich freuen. Wenn Ihr Hund dies als lohnenswert empfindet, könnte das reichen. Erfahrungsgemäß lässt viele Hunde das „Lob" und Getätschel relativ kalt.

Sie möchten doch, dass Ihr Hund ein bestimmtes Verhalten öfter zeigt, dann müssen Sie auch herausfinden, was er wirklich gut findet. Stecken Sie zu Ihrem Spaziergang Leckerchen und Spielzeug ein. Beim Spaziergang gibt es dann entweder Futter, ein tolles Spiel, einen gern gezeigten Trick oder eine Buddeleinlage.

Tipp!

Ich trage immer ein paar Kekse für meine Hunde in der Tasche. Es gibt Spaziergänge, auf denen sie kein einziges Leckerchen erhalten. Allerdings möchte ich mir die Chance auf zufällig auftretendes belohnenswertes Verhalten nicht verbauen. Es kann immer sein, dass wir 99-mal ohne Wildbegegnung durch den Wald laufen. Beim 100. Mal hüpft ein Sprung Rehe über den Weg und ich kann meine Hunde erfolgreich abrufen. Das ist einen Jackpot wert! Ich sehe auch keinen Unterschied darin, ob man nun einen Ball einsteckt oder einige Kekse. Beides kann ich für eine soziale Interaktion mit meinem Hund verwenden. Ich gehe gern auf die Bedürfnisse meiner Hunde ein: Beide lieben es, Futter im Gras oder Gebüsch zu suchen. Nur ich kann ihnen das ermöglichen.

Mythos: Verhalten wird nur zuverlässig, wenn man beim Training mit Strafen arbeitet – Wie bitte?

Angeblich wird Verhalten nur dann zuverlässig abrufbar, wenn es durch aversive Methoden „abgesichert" wird. Betrachten wir uns das Training einmal im Hinblick auf diese Behauptung: Sie beginnen beispielsweise den Rückruf positiv aufzubauen. Der Hund verknüpft damit positive Gefühle und die Sicherheit zu wissen, was nach dem Signal kommen wird: Der Mensch freut sich, es gibt Spiel, Futter und soziale Interaktion.

Plötzlich wird während des Trainings umgestellt auf Strafe. Das noch nicht gefestigte Verhalten wird wegen „Ungehorsams" bestraft, obwohl es noch nicht korrekt gelernt wurde. Was passiert? Es folgt Verunsicherung aufseiten des Hundes, da er nicht mehr sicher vorhersehen kann, was nach dem Rückrufsignal beim Menschen passieren wird.

Denken Sie daran: Signale haben Ankündigungscharakter und sind immer mit Emotionen verknüpft!

Im schlimmsten Fall kommt der Hund irgendwann gar nicht mehr zurück, weil er mit diesem Rückrufsignal Unangenehmes verknüpft hat. Stattdessen befriedigt der Hund seine Bedürfnisse lieber in der Umwelt. Es gibt auch viele Mischformen, zum Beispiel, dass der Hund zwar kommt, sich aber nicht anleinen lässt oder sich nur zögerlich in Richtung seines Menschen bewegt.

Lassen Sie Ihrem Hund erst gar keinen Raum, darüber nachzudenken, ob ihn eventuell etwas Negatives bei seinem Menschen erwarten wird.

Bauen Sie ein Signal sorgfältig und überlegt auf. Lassen Sie Ihren Hund nicht daran zweifeln, wie sicher und einschätzbar Sie für ihn sind.

Wenn Sie variabel belohnen, halten Sie damit ein Verhalten sicher aufrecht – ohne dass Sie jemals strafen müssen! *Beziehungen basieren auf Sicherheit.* Wenn Sie sich in bestimmten Situationen grundsätzlich immer gleich verhalten, geben Sie Ihrem Hund Sicherheit. Er kann voraussehen, was (ihm) passieren wird.

Mythos: Unter Hunden geht es auch nicht zimperlich zu.

Unsere Hundegruppe bestand aus vier Hunden: drei Rüden und einer Hündin. Wenn es bei den Rüden gerade mal „nicht zimperlich" zuging, dann waren immer Ressourcen im Spiel: eine läufige Hündin, Futter, Spielzeug, Mensch. Beobachten Sie den Kontext, in dem Hunde untereinander „nicht zimperlich" miteinander umgehen: Das hat nichts mit dem Aufbau und Abfragen einer Übung zu tun!

Stecken Sie Ihre Energie lieber in die Überlegung, was Ihr Hund gut macht und wie Sie ihn dafür belohnen können. Strafe macht Verhalten nicht zuverlässiger und hat viel zu unabwägbare Nebenwirkungen, die sich erst schleichend bemerkbar machen.

Kommando – Signale – Vokabeln

Die Menschen gleichen sich in den Worten, aber an den Taten kann man sie unterscheiden.

Jean-Baptiste Molière (1622–1673)

Worte beeinflussen Gedanken und Taten. Deshalb ist es wichtig, sich vom negativen „Kommando" oder „Befehl" zu lösen und ihn durch ein positives Wort zu ersetzen. Wir trainieren mit unseren Hunden Signale, Hör- oder Sichtzeichen.

Ein Kommando/Befehl bringt den Wunsch nach absolutem Gehorsam zum Ausdruck und führt dazu, dass dieser bei Nichtausführung oft auf für den Hund unangenehme Art und Weise durchgesetzt wird. Der Hund *muss* etwas tun, ohne Rücksicht auf Verluste.

Zeichen nicht zu beachten, ist in unserer Umwelt normal: Sind Sie in der Dreißigerzone noch nie schneller gefahren, weil Sie es sehr eilig hatten? Sie haben doch das Schild zur Geschwindigkeitsbegrenzung wahrgenommen – oder nicht? Sie hatten für sich einen guten Grund, das Zeichen zu missachten. Oder haben Sie noch nie in einer „Parken verboten"-Zone angehalten, weil Sie doch nur kurz zum Zigarettenautomaten wollten? Auch hier spielt der Grund, warum Sie ein Signal missachtet haben, eine große Rolle: Sie wollten Ihr Verlangen nach Zigaretten stillen.

Das gleiche Phänomen haben wir bei einem „ungehorsamen" Hund. Wir müssen uns fragen: Hat er unser Signal wirklich wahrgenommen? War seine Aufmerksamkeit bei uns oder hat ihn seine Umwelt so abgelenkt, dass er uns gar nicht gehört hat?

Sie haben einen Hund! Er bewertet Situationen völlig anders als wir Menschen. Habe ich ein Signal ordentlich aufgebaut und generalisiert, weiß der Hund, worum es geht, und führt er es dennoch nicht aus, dann stimmt etwas nicht. Mein Hund hat in dieser Situation ein Problem. Dann lasse ich mich auf meinen vierbeinigen Partner ein, versuche die Situation zu erfassen und meinem Hund zu helfen: Ich trainiere die entsprechende Situation verstärkt.

Deswegen werden aus „Kommandos" *Signale*, und diese werden in unterschiedlichen Situationen abgefragt. Ähnlich wie Vokabeln. Klappt eine Vokabel noch nicht bei unterschiedlichen Satzstellungen, muss man noch etwas intensiver lernen.

Aufbau des Kommunikationssignals – Clicker/Markerwort

Damit der Clicker oder das Markerwort auch in jedem Zusammenhang klar und kraftvoll als Kommunikationssignal wirkt, müssen Sie es in verschiedenen Situationen aufbauen. Click und Markerwort werden beide auf die gleiche Art und Weise aufgebaut. Für das Markerwort nehmen Sie ein Wort, das Sie nicht im täglichen Umgang mit Ihren Mitmenschen nutzen. Sie können lautmalerische Worte wie „Click", „Zack", „Plopp" nutzen. Ich habe für unsere beiden Hunde zwei Worte: für jeden Hund das eigene Markerwort. Das hat den unschlagbaren Vorteil der absolut klaren Kommunikation, wenn ich mit beiden Hunden unterwegs bin: Für Usha ist es „Prima" und Louis hat ein „Goodie". In Mehrhundehaushalten ist das ein wunderbares Werkzeug, auch den richtigen Hund markieren und belohnen zu können.

Usha und Louis werden jeweils mit ihrem eigenen Markerwort trainiert.

Der Ablauf ist relativ einfach, es bedarf nur ein wenig Übung: Zuerst wird geclickt, dabei haben Sie kein Leckerchen in der Hand (a). Nach dem Click geht die Hand zum Schälchen (b) und dann bekommt der Hund das Leckerchen (c). Genauso verfahren Sie mit Ihrem Markerwort.

Aufbau Click/Markerwort

Bereiten Sie zwei bis drei Schälchen mit wirklich schmackhaften Leckerchen vor. Anzahl der Leckerchen cirka 15–20 Stück. Clicken Sie und geben Sie Ihrem Hund direkt ein Leckerchen. Wiederholen Sie das, bis das Schälchen leer ist (Click – Leckerchen – Click – Leckerchen …). Machen Sie eine kurze Pause (circa zwei bis drei Minuten) und beginnen Sie wieder. Der Hund muss dabei gar nichts tun, außer da zu sein und nach dem Click das Leckerchen von Ihnen in Empfang zu nehmen. Haben Sie in ruhiger Umgebung nach dem Click eine eindeutige Orientierung vom Hund zu Ihnen, können Sie die Anforderungen beziehungsweise Umweltreize steigern.

In einer anderen Übungseinheit bauen Sie Ihr Markerwort genauso wie den Click auf. Machen Sie nicht beides gleichzeitig. Denken Sie daran: Der Click/das Markerwort sagt dem Hund: „Das, was du gerade gemacht hast, war toll! Du hast dir bei deinem Menschen eine Belohnung verdient." *Das Markerwort ist kein Lob!* Kommunizieren Sie mit dem Markerwort genauso bewusst wie mit dem Clicker.

Beginnen Sie im Haus in ruhiger Umgebung. Wechseln Sie die Zimmer, variieren Sie die Leckerchen, fügen Sie mehr Ablenkung hinzu und ändern Sie immer wieder die Örtlichkeiten. So bauen Sie Schritt für Schritt Ihr Signal für Kommunikation, Kooperation und gute Laune sicher und unmissverständlich für viele Situationen und Orte auf.

Schritt 1: Wenig Ablenkung

- Verschiedene Örtlichkeiten im Haus (Küche, Wohnzimmer, Flur, Keller etc.)
- Position zum Hund variieren: vor dem Hund, neben dem Hund etc.
- Belohnung nach dem Click/Markerwort variieren: verschiedene Leckerchen, Spiel oder was Ihr Hund sonst sehr gern mag

Löst der Click/das Markerwort schon freudige Erwartung und Orientierung zum Menschen aus? Dann geht es weiter mit Schritt 2.

Schritt 2: Mittlere Ablenkung

- Verschiedene Örtlichkeiten (Garten, ruhige Straße, ruhiger Park)
- Position zum Hund variieren: vor dem Hund, neben dem Hund etc.
- Belohnung nach dem Click/Markerwort variieren: verschiedene Leckerchen, Spiel oder was Ihr Hund sonst sehr gern mag

Löst der Click/das Markerwort schon freudige Erwartung und Orientierung zum Menschen aus? Dann geht es weiter mit Schritt 3.

Schritt 3: Hohe Ablenkung

- Verschiedene Örtlichkeiten (Park, Straße, Menschen, Tiere, Autos)
- Position zum Hund variieren: vor dem Hund, neben dem Hund etc.
- Belohnung nach dem Click/Markerwort variieren: verschiedene Leckerchen, Spiel oder was Ihr Hund sonst sehr gern mag

Löst der Click/das Markerwort schon freudige Erwartung und Orientierung zum Menschen aus? Dann haben Sie es geschafft und Ihr Hund hat jetzt zweifelsfrei gelernt, was Click beziehungsweise Markerwort in jeder Situation bedeuten: Es gibt beim Menschen etwas ganz Tolles!

Übersicht über den Aufbau Click/Markerwort: Schritt für Schritt von wenig (1) über mittlere (2) bis hin zu hoher (3) Ablenkung.

Beim Aufbau wechseln Sie die Örtlichkeiten! Der Clicker soll losgelöst von jeglichem Zusammenhang klar und wirkungs-voll ein eindeutiges Zeichen sein: „Das hast du richtig gemacht – Belohnung kommt von deinem Menschen!"

Die Reihenfolge ist wichtig: Erst clicken (siehe Foto Seite 38), danach greifen Sie in den Beutel und holen die Belohnung heraus. Der Click gibt Ihnen die Zeit, in die Tasche zu fassen oder das Spielzeug herauszuholen.

Damit etwas wirklich wirkungsvoll verknüpft wird, ist es wichtig, Bedürfnisse zu befriedigen. Hunde, die gern ihre Nase einsetzen, bekommen nach dem Click ihre Schnüffelbelohnung – das Leckerchen wird ins Gras geworfen.

Variieren Sie beim Aufbau des Clicks auch mit den Belohnungen: Der Click kann auch ein tolles gemeinsames Spiel ankündigen!

Das Weiter-so- und Power-up-Signal

Das Weiter-so-Signal ist ein Zeichen für den Hund, dass er auf dem richtigen Weg ist und mit seinem Tun weitermachen soll. Am Ende winkt dann noch etwas Gutes in Form von Markersignal und Belohnung bei seinem Menschen. Außerdem ist dieses Signal bestens dazu geeignet, dem Hund freundlich zu erklären, dass es noch etwas länger dauern kann: beispielsweise beim Tierarzt, wenn es eine Spritze gibt, die Pfote festgehalten oder ins Ohr geschaut wird.

Das Power-up-Signal ist beim Rückruf sehr hilfreich. Die Einsatzmöglichkeiten sind vielfältig und auch hier sind der Fantasie keine Grenzen gesetzt. Der Aufbau kann in zwei verschiedene Richtungen erfolgen: vom Menschen weg und zum Menschen hin. Im ersten Fall kann der Hund nach Futter oder Spielzeug suchen, bei der zweiten Variante folgt er einer Bewegung. Dabei winken tolle Interaktionen mit dem Menschen – als Power-up für einen sicheren Rückruf (siehe Seite 44 ff.).

Power-up-Signale sind jeweils eine Aneinanderreihung kurzer Silben (zum Beispiel tiktiktiktik, lalalala …). Diese Silben geben Sie so lange von sich, wie der Hund sich auf dem richtigen Weg befindet beziehungsweise so lange die Position eingehalten werden soll. Nach der letzten Silbe folgen der Marker und dann die Belohnung.

Der positive Aufbau sollte zwischendurch immer wieder „aufgeladen" werden. So können Sie beim Einsatz in für den Hund unangenehmen Situationen (wie beim Tierarzt) die Stimmungslage verändern. Setzen Sie das Weiter-so-Signal beispielsweise nur noch in unschönen Situationen ein, bekommt es einen negativen emotionalen Touch. Negative Emotionen in unangenehmen Situationen sind nicht das, was wir mit unserer Kommunikation erreichen möchten.

Das Weiter-so-Signal

Legen Sie in ruhiger Umgebung ein paar Leckerchen aus. Der Abstand zwischen den Leckerchen sollte etwas größer sein. Leinen Sie Ihren Hund dabei in rund zwei Meter Entfernung an. Er darf Ihnen beim Verteilen der Leckerchen zusehen. Gehen Sie zu Ihrem Hund, nehmen Sie ihn an die Leine und bewegen Sie sich auf die Leckerchen zu. Dabei sagen Sie immer Ihre Signalsilbe (1).

Kurz bevor er das erste Leckerchen erreicht, clicken Sie (2) und Ihr Hund nimmt das Futterbröckchen auf (3). Der Hund kann an der Leine vor Ihnen in Richtung Futter gehen, Sie

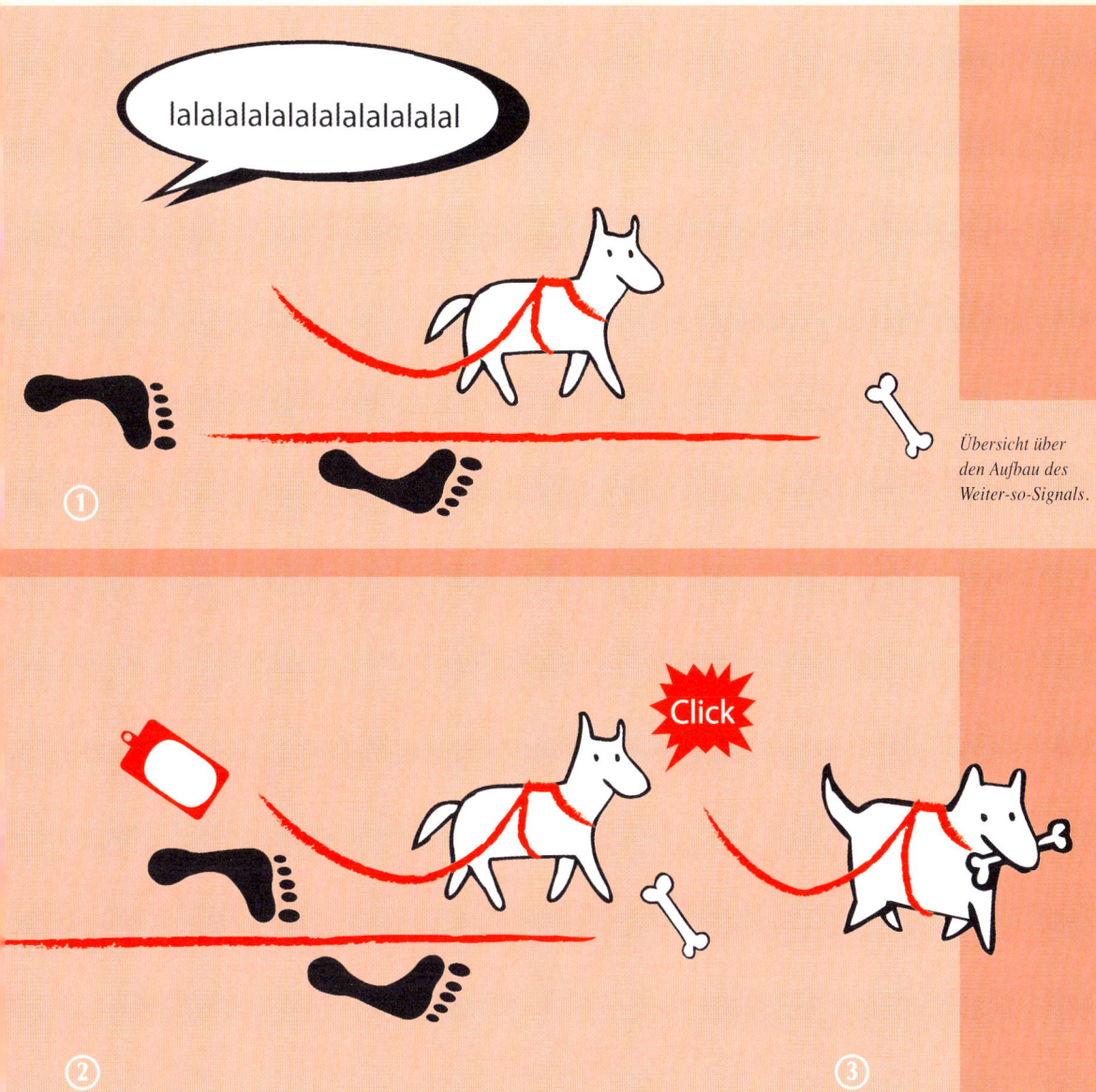

Übersicht über den Aufbau des Weiter-so-Signals.

geben dieser Vorwärtsbewegung zusätzlich einen Namen. Sobald er sich auf das nächste Bröckchen zubewegt, sagen Sie wieder Ihre Signalsilben und folgen dem Ablauf, wie in der Zeichnung demonstriert ist.

Wie beim Aufbau des Clicks/Markerworts ist eine gründliche Übertragung auf viele Situationen und Umweltreize wesentlich. Verlängern Sie den Abstand zu den Leckerchen, legen Sie das Lieblingsspielzeug an das Ende – lassen Sie in den Variationen Ihrer Fantasie freien Lauf!

Sie können Ihrem Hund bei vielen Verhaltensweisen mit dem Weiter-so-Signal helfen:

Übertragung auf die Umwelt: In der Schüssel befinden sich ein paar Leckerchen. Auf dem Weg dorthin sagen Sie Ihr Brückensignal – takatakatakatakataka.

Beim längeren Sitzenbleiben, Weitersuchen, Apportieren, Bei-Fuß-Gehen, An-der-Leine-Laufen – eben bei allen Übungen, die kontinuierliches Arbeiten erfordern.

Es kann vorkommen, dass der Hund mit dem Signal nur Bewegung und Veränderung verknüpft und bei ruhigen Übungen nervös wird. Dann empfiehlt es sich, ein zusätzliches Signal für ruhiges Verhalten aufzubauen. Lassen Sie Ihren Hund sitzen, zeigen Sie ihm ein Leckerchen oder Spiel-

zeug. Solange der Hund sitzt, ertönt Ihre neue Silbe für das Ruhigsein (1). Beenden Sie mit Click und der Belohnung mit dem Spielzeug/Futter (2).

Beginnen Sie zu variieren, zu generalisieren: kein Spielzeug/Leckerchen in der Hand, ändern Sie die Position des Hundes (Platz, Steh …), ändern Sie die Position zum Hund (vor, hinter, neben), vergrößern Sie die Distanz, legen Sie Ihrem Hund eine Hand auf verschiedene Körperstellen.

An diesem Punkt clicken Sie! Der Hund darf die Leckerchen aus der Schüssel fressen.

Übersicht über den Aufbau des ruhigen Signals.

Power-up für den Rückruf

Diese Variante ist speziell für den Rückruf. Verwenden Sie dafür eine Silbe, die Sie laut, freundlich und schnell hintereinander rufen können. Ich habe als Power-up bei meinen beiden Hunden ein „Jippiejippiejippie" – das hat einen wunderbar anfeuernden Charakter, und es wirkt bei mir fast beruhigend, wenn sich meine Hunde beispielsweise vom Reh weg auf mich zubewegen. Am Ende des Power-up steht immer eine tolle Aktion mit dem Menschen: Spiel mit dem Lieblings-spielzeug, Leckerchensuche, Superjackpot Futter oder was auch immer Ihr Hund besonders toll findet.

Beginnen Sie mit dem Power-up für den Rückruf direkt in der Nähe. Ein Abstand von zwei Metern ist völlig ausreichend. Rufen Sie Ihr Power-up-Signal und bewegen Sie sich rückwärts mit Blick zum Hund von ihm weg (1). Sobald Ihr Hund bei Ihnen ankommt – Marker, und spielen Sie mit Ihrem Hund. Spielen Sie ein aktives Spiel mit dem Hund direkt bei Ihnen (2). Wenn Sie sich nicht sicher sind, ob Ihr Hund bei Ihnen bleibt, nehmen Sie ihn dabei an die Leine.

Übersicht über den Aufbau des Power-up-Signals für den Rückruf.

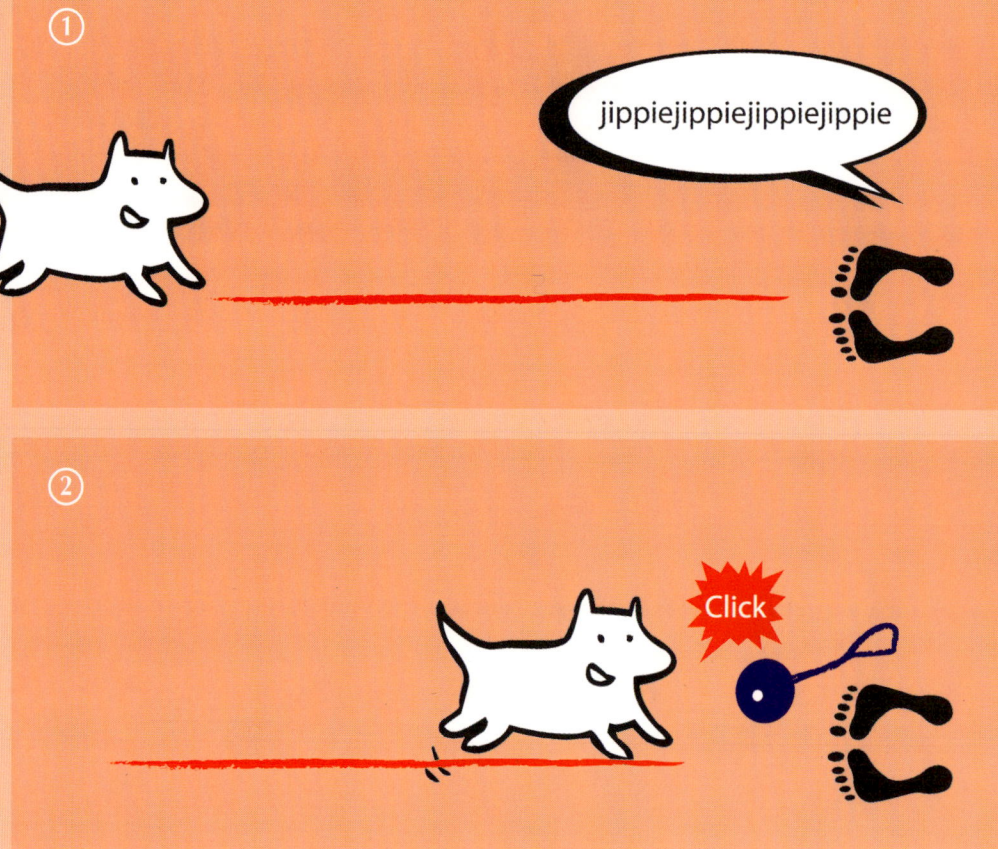

Beginnen Sie in direkter Nähe mit Ihrem Power-up-Signal – jippiejippie! Sobald Ihr Hund bei Ihnen angekommen ist, clicken Sie und machen ein schönes gemeinsames Spiel! Erst wenn es in kurzer Distanz gut klappt, können Sie die Übung ausweiten und dazu übergehen, sie zu verbessern.

Das Power-up-Signal ist die Ankündigung für die richtig guten Dinge beim Menschen. Während Maya auf ihr Frauchen Maria zurennt, hört sie immer ihr Signal. Bei Maria angekommen, wird geclickt. Die Aussage für den Hund ist: „Das hast du super gemacht – jetzt gibt es etwas ganz Tolles!"

Maria holt das Lieblingsspielzeug hinter dem Rücken hervor, und es folgt ein tolles gemeinsames Zerrspiel. Gemeinsame Aktion mit dem Menschen – Beziehung aufbauen und stärken!

Targets in verschiedenen Variationen: ein Kinderpuzzlestück als Bodentarget, eine Fliegenklatsche, ein Teleskop-Zeigestab, ein Kochlöffel und ein selbst gebauter Targetstick (v. l.).

Targets – Führ- und Positionshilfen

Targets (Ziele) sind Hilfen, um den Hund zu „platzieren" oder eine Bewegung auszulösen, die der Hund nicht spontan zeigt. Dabei kann ein Target mit der Nase oder Pfote berührt werden.

„Touch" – Target mit der Nase berühren

Beim Signal „Touch" lernt der Hund, mit seiner Nase die Hand oder auch andere Gegenstände zu berühren. Aufbau: Halten Sie Ihrem Hund die Hand kurz vor die Nase. Die meisten Hunde werden sofort daran schnuppern: Click

Halten Sie die Hand in geringem Abstand vor Ihren Hund. Thomas übt hier mit Luna einen Zwei-Finger-Touch. Durch die zwei ausgestreckten Finger hat dieses Signal einen sehr eindeutigen visuellen Charakter.

Luna berührt mit der Nase die Hand – Click und Belohnung.

Übersicht über den Aufbau des Signals „Touch".

und Belohnung aus der anderen Hand. Machen Sie eine Übungseinheit mit rund 10 bis 15 Leckerchen, dann eine kleine Pause und wieder eine Übungseinheit.

Um das Signal aufzubauen, vergrößern Sie den Abstand der Hand zum Hund und verändern Sie auch den Winkel der Hand zum Hund (1). Berührt Ihr Hund die Hand zuverlässig,

bringen Sie das unter Signalkontrolle (2). Ab sofort wird kein freiwilliges Berühren mehr geclickt.

Berührt Ihr Hund die Hand nur noch nach Ihrem Signal, folgt wieder der Ihnen bereits bekannte Ablauf zum Übertragen und Stärken dieses Signals: Örtlichkeiten ändern, Ablenkungen steigern, Belohnungen variieren.

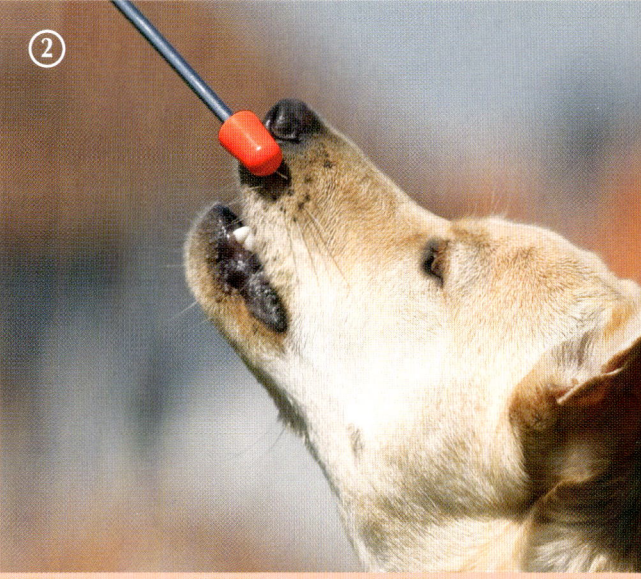

Halten Sie den Targetstick nahe an die Hundenase. Machen Sie es am Anfang so einfach wie möglich! Noch überlegt Maya, was sie denn wohl mit diesem komischen Ding anfangen soll.

Click! Super! Wiederholen Sie das öfter und halten Sie sich an den Aufbau für Übungen, wie auf Seite 56 ff. beschrieben, damit der Target in jeder Situation sicher berührt wird.

Generalisieren des Verhaltens auf vielen Schauplätzen und in vielen verschiedenen Situationen.

Übertragen auf andere Gegenstände

„Touch" kann universell eingesetzt werden und muss nicht unbedingt nur das Berühren der Hand sein. Übertragen Sie das „Touch" zum Beispiel auf den Targetstick (siehe Fotos 1–3).

Bodentarget

Beim Arbeiten mit einem Bodentarget lernt der Hund, auf eine Matte/einen Punkt zu laufen.

Der Aufbau der verschiedenen Targets ist für viele Hunde und Menschen eine schöne Heraus-

Jede Annäherung beziehungsweise das Aufsetzen der Pfoten auf das Bodentarget wird geclickt und belohnt.

Sobald Emma das Target mit den Pfoten berührt – Click! – und Belohnung gibt es bei Maria.

forderung. Wenn das Target erst einmal gelernt ist, kann man viele Übungen und Tricks zur Kopfarbeit damit aufbauen: Slalom durch die Beine mit Targetstick oder Handtarget, über ein ausgestrecktes Bein springen oder Vorausschicken mit dem Bodentarget etc.

So muss der Hund nicht in eine Position gelockt werden, indem er wieder nur einem Leckerchen hinterherrennt. Dem Hund wird durch die Wiederholungen der Einsatz seines Körpers bewusst.

Das Namensspiel –
Kommunikation und Kooperation –
Umorientierung

Damit die Kommunikation auch eindeutig klappt, muss Ihr Hund lernen, seinen Namen mit Aufmerksamkeit zum Menschen zu verbinden. Klar und positiv, in der Erwartung der Dinge, die folgen werden.

Der Ablauf der Übung ist denkbar einfach (siehe Grafiken Seite 52 f.): Werfen Sie ein Leckerchen vom Hund weg; sobald er das Leckerchen aufnimmt, sagen Sie den Namen Ihres Hundes (1). Schaut er Sie an, clicken Sie (2) und werfen ein weiteres Leckerchen (3) oder ein tolles Spielzeug (4) vom Hund weg.

Sollte Ihr Hund am Anfang ein Problem damit haben, sich nach dem Ruf seines Namens zu Ihnen umzudrehen, beginnen Sie direkt in der Nähe und werfen das Leckerchen direkt vor Ihrem Hund auf den Boden. Sobald er das Leckerchen vor seiner Nase aufgenommen hat, sagen Sie seinen Namen. Schaut er Sie an, clicken Sie und werfen die Belohnung wieder vor Ihren Hund auf den Boden. Klappt das einwandfrei, können Sie beginnen, das Leckerchen weiter wegzuwerfen. Beginnen Sie, die Position zum Hund zu verändern: Sitzen, Stehen, vor dem Hund, hinter und neben dem Hund. Der Name soll zur Umorientierung zum Menschen werden, der Ankündigung, dass Zusammenarbeit mit dem Menschen gefragt ist.

Damit der Name zu einem wirklich starken Umorientierungssignal für Ihren Hund wird, müssen Sie das Signal wieder auf viele verschiedene Orte und Ablenkungsstufen übertragen. Variieren Sie mit Futter (Menge und Qualität), Spiel (Spielzeug und Länge des Spiels mit Ihnen), Aktivitäten (Rennen, Schwimmen ...) und positiv aufgebauten anderen Signalen („Sitz", „Hier", Pfotegeben).

Im weiteren Training schaut Ihr Hund unter Ablenkung zunächst weg. In diesem Moment rufen Sie seinen Namen nur ein Mal. Sollte Ihr Hund aufgrund der Ablenkung nicht sofort schauen, zählen Sie langsam bis zehn und sprechen Ihren Hund noch einmal mit Namen an. Bei großer Ablenkung kann es helfen, wenn Sie sich ein wenig zur Seite bewegen, sofern Ihr Hund Sie nicht gleich anschaut. Achten Sie darauf, dass Sie wirklich nur den Namen des Hundes rufen. Machen Sie keine lockenden Laute! Ihr Hund soll seinen Namen hundertprozentig mit der Orientierung zum Menschen verknüpfen. Trainieren Sie immer unter Ablenkungen, die Ihr Hund auch schafft.

Übersicht über den Aufbau des Umorientierungssignals/ Namensspiels.

Der Hund schaut weg – sagen Sie seinen Namen.

Emma schaut zu Maria – Click! Super gemacht! Der eigene Name soll immer Orientierung zum Menschen bedeuten.

Haben Sie mit Ihrem Hund gut trainiert, steigern Sie die Anforderungen: Es folgt nach dem Namen eine positive Übung: „Emma" – sie schaut – Click – „Sitz" – Belohnung.

Variieren Sie die Position zum Hund. Luna ist gerade nicht aufmerksam, Astrid spricht sie an.

Luna schaut – Click – und Belohnung während des Laufens.

Ziel einer Übung ist beispielsweise „Sitz".

Grundaufbau einer Übung

Zu Beginn müssen Sie sich als Mensch überlegen, *was* Sie von Ihrem Hund möchten und *wie* diese Verhaltensweise genau aussieht. Dann zerlegen Sie dieses Verhalten in kleine Schritte und helfen Ihrem Hund mit dem Marker, den richtigen Weg zu finden (siehe Grafiken Seite 60).

Sitz

1. Was soll der Hund tun?

Wenn Sie sich überlegen, was Ihr Hund tun soll, dann beschreiben Sie das gewünschte Verhalten/die gewünschte Aktion in allen Einzelteilen und welche Erwartung Sie haben: „Sitz" = Der Hund bewegt seinen Hintern auf den Boden und soll ihn dort belassen, bis ein anderes Signal kommt. Auch so eine „einfache" Übung hat mehrere Komponenten!

2. Verhalten markieren

Wenn Sie sich das Verhalten bewusst gemacht haben, müssen Sie beginnen, jeden Ansatz richtigen Verhaltens zu verstärken. Clicker-

training hat den wunderbaren Vorteil, dass man lernt, seinen Hund viel besser „lesen" zu können. Sie erkennen Veränderungen in der Muskelspannung und Körperhaltung, die Ihnen beim klassischen Training verborgen bleiben.

Beginnen Sie in einer sehr ruhigen Umgebung, in der weder der Hund noch Sie abgelenkt sind. *Denken Sie daran: Clickertraining ist Aufmerksamkeit!* Ein Hund, der noch nicht gelernt hat, dass die Aufmerksamkeit zum Men-

Üben Sie an vielen verschiedenen Orten!

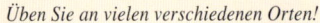

schen lohnenswert ist, wird sich in reizvollen Umgebungen schnell ablenken lassen und Ihnen keine Aufmerksamkeit mehr schenken.

3. Verhalten perfektionieren

Zeigt Ihr Hund die Bewegung „Hintern auf den Boden" zuverlässig im Haus, beginnen Sie, die Anforderungen zu steigern: Welches „Sitz" möchten Sie? Ein exaktes „Sitz" mit beiden Hinterläufen parallel, oder ist es Ihnen egal, ob Ihr Hund auch mal auf einer Pobacke sitzt?

4. Verhalten unter Signalkontrolle bringen – Nur ein Wort für eine Aktion/ein Verhalten!

Sind Sie zufrieden mit dem Verhalten (Körperhaltung, Geschwindigkeit), geben Sie dieser Aktion einen Namen: „Sitz" – der Hund bringt sein Hinterteil auf den Boden – Click und Belohnung. Ab sofort wird nur noch geclickt, wenn Sie vorher das Signal gesagt haben. Freiwilliges Sitzen wird nicht mehr belohnt. Weiß Ihr Hund, was „Sitz" in der ruhigen Übungseinheit ist, dann müssen Sie beginnen, diese Übung zu verallgemeinern (generalisieren).

5. Generalisieren – Verhalten übertragen

Da Hunde Schwierigkeiten haben, erlerntes Verhalten auf neue Situationen zu übertragen, müssen Sie nun folgende Faktoren langsam ändern beziehungsweise steigern: Orte und Ablenkung. Beginnen Sie an verschiedenen anderen ruhi-

Üben Sie unter Ablenkung.

gen Orten zu üben. Steigerung der Ablenkung ist meist auch mit einem Ortswechsel verbunden. In aufregenden Situationen sollten Sie, je nach Ausbildungsstand, sicherheitshalber öfter belohnen.

Wichtig!

Je größer die Ablenkung und Erregung, desto eher und öfter muss richtiges Verhalten auch markiert und verstärkt werden. Erst wenn bei großen Ablenkungen alles so klappt, wie Sie es sich vorstellen, gehen Sie über zur variablen Belohnung!

6. Werden Sie variabel

Wenn Sie alles sorgfältig trainiert haben und Ihr Hund wirklich weiß, worum es geht, beginnen Sie, *variabel* zu belohnen. Es muss nicht jedes Mal ein Leckerchen geben! Beginnen Sie erst mit kurzen Abständen: Jedes zweite Signal wird mit Markersignal und Belohnung verstärkt, dann jedes vierte Signal, dann wieder jedes zweite, dann jedes fünfte und so weiter. Sie variieren so lange, bis Sie zur Aufrechterhaltung des Signals/Verhaltens nur noch selten markieren und belohnen müssen. Dieser letzte Schritt darf erst dann erfolgen, wenn das Verhalten sorgfältig generalisiert wurde und es auf das Signal hin auch immer ausgeführt wird.

Übersicht über den Grundaufbau einer Übung: Gewünschtes Verhalten definieren (1), markieren (2), perfektionieren (3), unter Signalkontrolle stellen (4), generalisieren (5) und variabel verstärken (6).

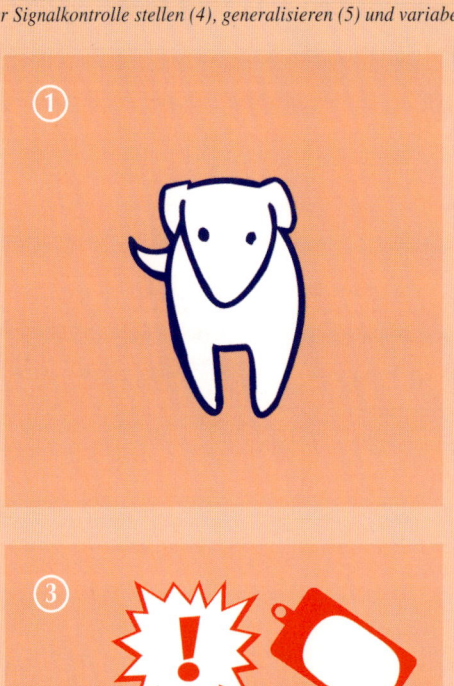

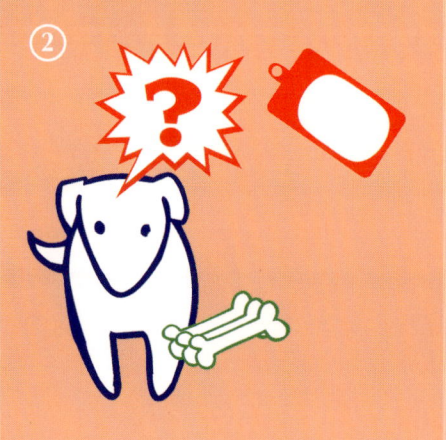

Platz – Leg dich hin

Das Signal, dessen Aufbau ich hier beschreibe, hat nichts mit dem üblichen Prüfungs-„Platz" auf Hundesportplätzen zu tun. Es ist eine weitere Variante einer ruhigen Übung, die in der Länge der Ausführung verändert wird. Ihr Hund sollte Handtarget und Brückensignal beherrschen.

Aufbau: Beginnen Sie wieder in einer ruhigen Umgebung. Halten Sie Ihre Hand als Target leicht unterhalb der Hundenase (Ausführung der Übung siehe Foto 1–3).

Ich bevorzuge für die ruhigen Übungen Leckerchen, da sie den Hund nicht unnötig erregen. Ein Spiel baue ich erst dann ein, wenn mein Hund mit der Übung vertraut ist.

Ihr Handtarget geht Richtung Boden – ziehen Sie die Hand auf dem Boden leicht nach vorn und warten Sie ab. Lassen Sie sich Zeit – die meisten Hunde haben schnell heraus, dass sie sich hinlegen sollen.

Der Hund liegt – Click und erst jetzt greifen Sie zum Leckerchenbeutel oder zum Spielzeug.

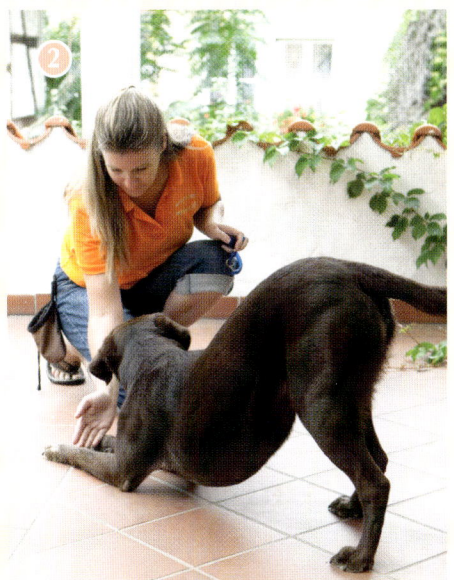

Das ist doch schon einmal ein Anfang – die Richtung stimmt. Warten Sie noch einen Augenblick und lassen Sie Ihren Hund nachdenken! Noch nicht clicken!

Üben Sie an verschiedenen Orten. Auch wenn es hier so aussehen mag: Es wird nicht mit Leckerchen gelockt!

Das Brückensignal (1) signalisiert dem Hund, dass er die „Platz"-Stellung beibehalten soll, es folgen Click und Belohnung (2).

Festigen Sie die Übung, wie auf Seite 58 ff. beschrieben: mit steigender Ablenkung und an vielen verschiedenen Orten.

Bisher gibt es für das Hinlegen noch kein Hörzeichen. Das Handtarget signalisiert das Hinlegen. Damit Sie auch die Verknüpfung mit dem passenden verbalen Signal bekommen, gehen Sie wie folgt vor: Sagen Sie „Platz" – dann kommt das Handtarget – Hund liegt – Click und Belohnung. Es ist wichtig, dass die zeitliche Abfolge klar ist: verbales Signal, Handtarget – Click und Belohnung. Wenn Sie das Signal sagen und gleichzeitig das Handtarget geben, kann Ihr Hund nicht verknüpfen,

dass das Wort die Bedeutung zum Hinlegen erhält. Haben Sie die Übung öfter in dieser Reihenfolge wiederholt, sagen Sie nur noch Ihr verbales Signal. Sobald Ihr Hund sich hinlegt – Click und Belohnung! Helfen Sie ihm nicht! Das Signal „Platz" soll das Handtarget ersetzen.

Wenn Sie das Signal nun „getauscht" haben, können Sie wieder beginnen, es zu generalisieren: Verändern Sie die Position zum Hund, verändern Sie Ort und Ablenkungen.

Im Folgenden können Sie die Zeit, die Ihr Hund im „Platz" liegt, mithilfe Ihres Brückensignals verlängern.

Beginnen Sie mit dem Training in Ihrer häuslichen Umgebung – Aufmerksamkeit ist auch für das Training der Leinenführigkeit notwendig!

An der Leine laufen

Die Sache mit der lockeren Leine ist für viele Hunde scheinbar eine schwierige Angelegenheit. Meistens haben diese Hunde von Welpenbeinen an gelernt, dass das Ziehen sie von A nach B bringt, also dorthin, wo sie schnüffeln können. Dieses Verhalten wird folgendermaßen doppelt verstärkt: Sobald der Hund durch (für ihn am Hals) unangenehmes Ziehen an dem Ort seiner Begierde angekommen ist, hört das Unangenehme auf (was ja an sich schon Belohnung ist, siehe negative Verstärkung, Seite 24) und er kann schnüffeln (noch einmal Belohnung, siehe positive Verstärkung, Seite 24). Damit lernt der Hund, dass sich Ziehen lohnt.

Unser Ziel ist aber, dass der Hund die Leine als Signal für „Ich bleibe in dem Radius um Herrchen/Frauchen herum" lernt. Das lockere An-der-Leine-Laufen hat nichts mit dem „Fuß" für eine Prüfung zu tun.

Verhalten markieren und perfektionieren

Erste Schritte für das Training „Locker an der Leine laufen":
Verhalten markieren (1) und perfektionieren (2 und 3).

Schritt 1: Ohne Leine und Geschirr

Sie beginnen zu Hause im Wohnzimmer/in der Küche und bewegen sich dort ganz ungezwungen. Ihr Hund ist ohne Geschirr und unangeleint bei Ihnen. Sobald er neugierig beginnt, Ihnen zu folgen – Click und Belohnung. Die Belohnung geben Sie aus der Hand. Jeden Schritt, den Ihr Hund nun neben Ihnen läuft – Click und Belohnung. Bauen Sie dieses Verhalten Schritt für Schritt weiter aus.

Schritt 2: Mit Geschirr, aber ohne Leine

Beginnen Sie wieder wie in Schritt 1. Nach dem ersten Schälchen Leckerchen ziehen Sie Ihrem Hund das Geschirr an und verfahren wieder wie in Schritt 1.

Schritt 3: Mit Geschirr und Leine

Beginnen Sie wie in Schritt 2. Nach dem ersten Schälchen Leckerchen machen Sie die Leine am Geschirr fest und verfahren wie in Schritt 1.

Schritt 4: Variabel belohnen

Werden Sie variabel und clicken Sie nur noch jeden zweiten, dritten, achten; zweiten oder fünften Schritt.

Führen Sie die Schritte 1 bis 4 jeweils mit drei bis vier Schälchen Leckerchen durch.

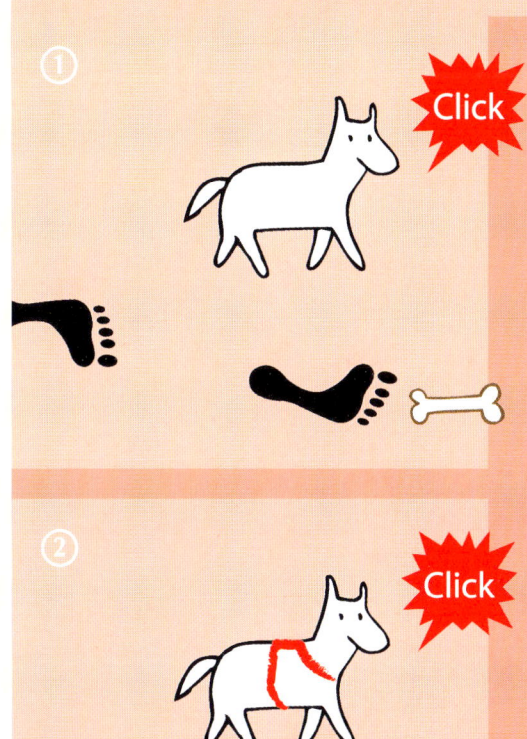

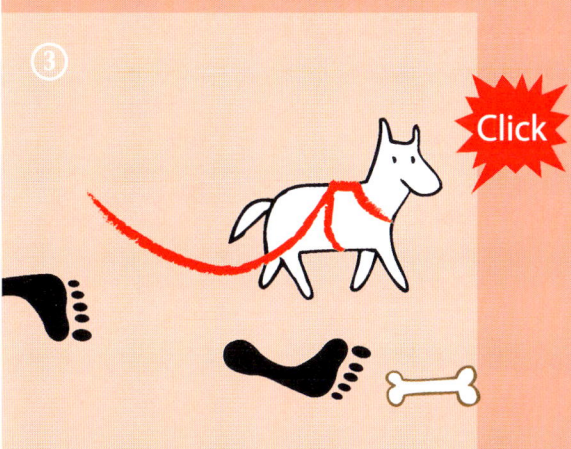

Verhalten generalisieren und variabel belohnen

Zu Hause können Sie noch zusätzlich Ablenkungen einbauen, indem Sie dann in der Wohnung üben, wenn zum Beispiel die Kinder da sind und zusätzlich noch Freunde vorbeikommen. Beginnen Sie auch hier zunächst mit wenig Ablenkung (Kinder sind anwesend, machen Hausaufgaben) und steigern Sie die Ablenkung langsam (Tobezeit mit den Freunden). Dann können Sie Ihr Training nach draußen verlagern. Gehen Sie in den Garten und üben Sie dort die Schritte 1 bis 4 im Freien. Sollten Sie keinen Garten haben, suchen Sie

Weitere Schritte für das Training „Locker an der Leine laufen": Verhalten generalisieren und variabel mit Leckerchen (1) oder einem gemeinsamen Spiel (2) belohnen.

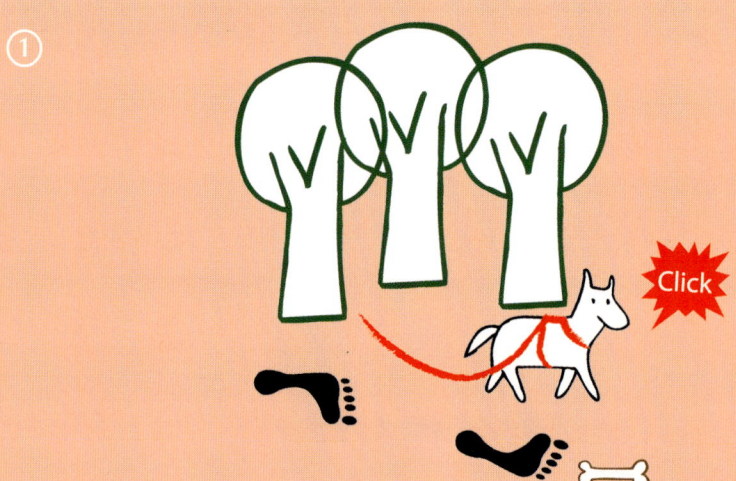

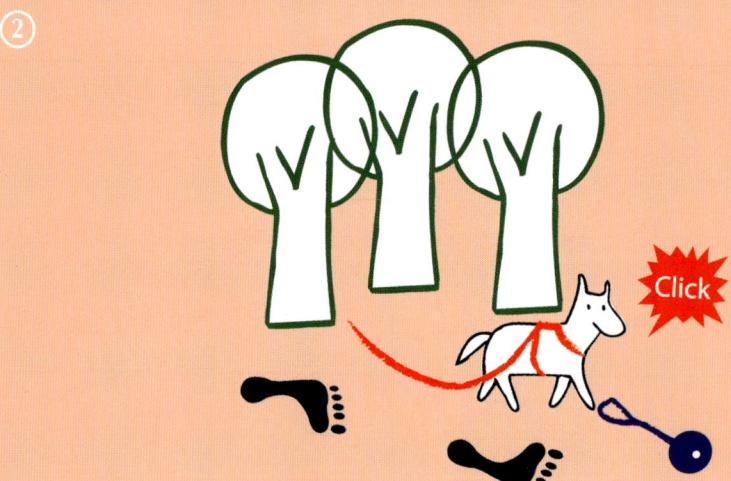

eine ruhige Stelle auf einer Wiese oder einem Parkplatz und üben nur Schritt 3 und 4. Dabei müssen Sie auf jeden Fall sicher sein, dass die Schritte 1 bis 4 zu Hause auch hundertprozentig funktionieren. Und vergessen Sie dabei nicht, variabel zu belohnen.

Tipp!

Wenn Sie bei „normalen" Gassigängen nicht üben können und bisher mit Halsband und Leine gelaufen sind, dann belassen Sie es dabei, auch wenn der Hund noch zieht. Um es dem Hund etwas angenehmer zu machen, sollten Sie auf ein sehr breites, gepolstertes Halsband umsteigen. Zu Ihrer eigenen Entlastung können Sie eine Aufrollleine benutzen.

Es reicht am Anfang ein einziger Schritt! Click und Belohnung.

Die Belohnung gibt es während des Laufens.

Beginnen Sie auch draußen damit, jeden Schritt, den Ihr Hund an lockerer Leine neben Ihnen läuft, zu clicken. Bauen Sie viele Richtungswechsel ein. Wenn das klappt, weiten Sie die Übung wieder aus. Ich orientiere mich gern an Dingen in der Umgebung: Auf einem Parkplatz mit eingezeichneten Parkboxen setze ich mir als erstes Miniziel, mit locker hinabhängender Leine von einer Markierung zur nächsten zu gehen, bis es wieder ein Clicken und Belohnen für den Hund gibt. Sollte das noch nicht klappen, setze ich mir nur eine halbe Parkbox zum Ziel, dann clicken und belohnen. So muss ich nicht immer nachzählen und kann Gegenstände aus der Umgebung für mein Training nutzen. Wenn Sie es schaffen, den ganzen Platz ohne einen einzigen Click mit Ihrem Hund an der lockeren Leine zu laufen – herzlichen Glückwunsch!

Wichtig!

Variieren Sie das Training: Üben Sie einmal mit dem Clicker, und in der nächsten Einheit benutzen Sie Ihr Markerwort. Damit bleibt das Markerwort frisch im Gedächtnis Ihres Hundes und wird weiter auf andere Verhaltensweisen übertragen. Mit Ihrem Markerwort haben Sie jederzeit das Werkzeug dabei, das Sie für Ihre Kommunikation benötigen. Setzen Sie Ihr Markerwort genauso gezielt wie den Clicker ein!

halb von zwei Wochen Training Ihr Hund auch nur ein einziges Mal mit seinem Ziehen zum nächsten Baum gelangt, haben Sie sich selbst einen Strick gedreht. Sie haben Ihrem Hund unbewusst klargemacht, dass Ziehen sich doch lohnt und er es ruhig noch öfter versuchen kann.

Tipp!

Wenn Ihr Hund sehr stark zieht und Sie ihn aufgrund des ungünstigen Kräfteverhältnisses nicht halten können, er Sie also überall hinzerrt, ist ein Halti als zusätzliche Führung immer ein gutes Hilfsmittel. Dabei wird ein Leinenende am Geschirr festgemacht und das andere Leinenende am Halti. Bevor Sie mit dem Training beginnen, müssen Sie den Hund ans Halti (Kopfhalfter) gewöhnen. Beginnen Sie, indem Sie das Halti nur kurz auf die Schnauze ziehen – Click und Belohnung. Fängt Ihr Hund an, die Schnauze freiwillig in das Halti zu stecken, können Sie versuchen, es hinter dem Kopf zu schließen – Click und Belohnung und das Halti sofort wieder abnehmen. Weiten Sie die Zeit aus, und wenn Ihr Hund das Halti freudig akzeptiert, beginnen Sie mit den oben genannten Schritten 1 bis 4 (siehe Seite 65).
Das Halti dient nur der besseren Kontrolle und nicht zur Korrektur! Es wird nicht am Halti gezupft oder geruckt! Wenn Sie sich nicht sicher sind im Umgang mit Halti, Geschirr und Leine, wenden Sie sich an einen professionellen Hundetrainer (siehe Verzeichnis am Ende des Buchs).

Trainieren Sie an einer Straße, so können Sie beispielsweise von Laternenmast zu Laternenmast Ihre Orientierungspunkte zum Clicken nehmen. Straßenlaternen stehen in der Regel 20 Meter voneinander entfernt. Hier können Sie anfangs hin und her pendeln: Sie beginnen bei einem Laternenmast, clicken erst einmal jeden zweiten, vierten, achten Schritt. Sollte Ihr Hund in irgendeiner Phase ziehen, wechseln Sie die Richtung und gehen mit locker hinunterhängender Leine wieder zum Ausgangspunkt zurück. Sollte der Hund auf dem Rückweg wieder ziehen, drehen Sie um und gehen in Richtung der anderen Laterne. Sie pendeln sich sozusagen von einer Laterne zur nächsten.

Es ist wichtig, dass Ihr Hund mit dem Ziehen nicht mehr zum Erfolg kommt! Lassen Sie ihn in der Trainingsphase mit dem Ziehen doch noch manchmal zum Erfolg kommen, so werden Sie Ihr Ziel (ein Hund, der locker an der Leine läuft) nur sehr schwer erreichen. Denken Sie daran: Variabel verstärktes Verhalten bleibt umso stärker im Gedächtnis, je seltener verstärkt wird. Übersetzt heißt das: Wenn inner-

Die Leine lockert sich minimal. Es ist auch in Ordnung, wenn der Hund sich hinsetzt. Dann clicken Sie und gehen sofort weiter!

Problem: Der Hund zieht trotzdem manchmal

Sobald Ihr Hund anfängt zu ziehen, die Leine zu spannen beginnt und sich Ihr Arm nach vorn bewegt, bleiben Sie einfach wie ein Baum stehen.

Ganz wichtig ist nun, dass Sie warten, bis eine Aktion von Ihrem Hund ausgeht: Sobald Ihr Hund den Zug auf die Leine verringert, clicken/markern Sie und gehen *sofort* wieder nach vorn.

Für Sie heißt das: Sprechen Sie den Hund jetzt nicht an, locken Sie ihn nicht, warten Sie nur geduldig ab, bis Ihr Hund seine Hirnwindungen nutzt! Erfahrungsgemäß möchten die wenigsten Hunde in der Anfangsphase des Trainings nach dem Click ein Leckerchen. Das ist auch völlig klar: Ihr Hund will nach vorn, das ist sein augenblickliches Bedürfnis, nicht der

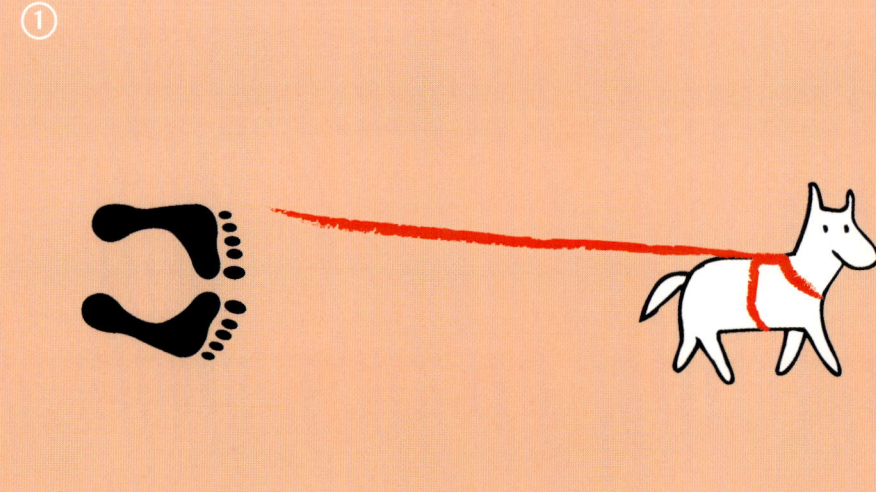

Wenn der Hund zieht, werden Sie ein Baum (1); erst wenn sich die Leine lockert (2), clicken und belohnen Sie.

Keks. *Bedenken Sie: Um Verhalten zu verstärken, müssen Sie Bedürfnisse befriedigen.*

Bei dieser Variante des Trainings ist es wichtig, sofort zu clicken und dem Hund entgegenzugehen, sobald er die Leine entlastet hat. Warten Sie nicht, bis der Hund zu Ihnen zurückkommt und das Leckerchen einfordert. Sie geben ihm den Keks, während Sie ihn auf dem Weg nach vorn „einholen" und er sich neben Ihnen befindet.

Wichtig: Sobald die Leine wieder spannt – Seien Sie ein Baum!

Abwechslung nach dem Click – spielen Sie mit Ihrem Hund!

Tipp!

Der Hund sollte das Leckerchen nach dem Click nicht bei Ihnen abholen, da Hunde recht schnell sogenannte Verhaltensketten bilden, wenn die zeitliche Abfolge mehrerer Verhaltensweisen eng beieinanderliegt. Clicken Sie also die leichte Rückwärtsbewegung des Hundes, kommt er Ihnen entgegen, weil er seine Belohnung abholen möchte. Bleiben Sie dabei stehen, passiert nach einigen Wiederholungen Folgendes: Ihr Hund zieht – er entlastet – Click – er holt seine Belohnung bei Ihnen ab – Sie gehen ein paar Schritte – der Hund zieht – er entlastet – Click …

Das ist ein ungewollter Kreislauf und der Hund ähnelt einem Jojo. Mit einem Spaziergang an der lockeren Leine hat das allerdings nichts zu tun. Sie müssen sich immer vor Augen halten, welches Verhalten an der Leine wünschenswert ist: das gemeinsame Nach-vorn-Gehen. Deshalb ist es wichtig, nach dem Click erstens dem Hund sofort entgegenzugehen und zweitens in der Position zu belohnen, in der Sie den Hund gern haben möchten.

Wenn in ruhiger Umgebung das Laufen an der Leine klappt, müssen Sie natürlich wieder auf viele verschiedene Orte und Ablenkungsstufen übertragen – zum guten Schluss: variabel verstärken!

Die Aktion kommt vom Hund: Entlastung der Leine –
Click – gehen Sie sofort los und geben Sie während des
Laufens die Belohnung.

Wenn Sie gewissenhaft trainiert haben, steht am Ende einem lockeren Spaziergang durch die Stadt nichts mehr im Weg!

Komm zurück – Der Rückruf

Eine der wichtigsten Übungen ist das Training eines wirklich zuverlässigen Rückrufs. Damit ein Rückruf auch unter großer Ablenkung klappt, wird dieser aus drei wesentlichen Elementen aufgebaut:

1. *Umorientierung* – Dazu ist es notwendig, dass Ihr Hund seinen Namen als Umorientierungssignal gelernt hat (siehe Namensspiel, Seite 51 ff.).
2. *Power-up* – Ihr Hund hat das Power-up-Signal gelernt (siehe Seite 44 ff.).
3. *Bedürfnisbefriedigung* – Diese winkt bei Ihnen in Form von Spielzeug, Futter, Futterbeutel, Rennspiel etc.

Diese drei Elemente müssen sorgfältig aneinandergereiht werden. Wir fangen zuerst wieder mit kurzem Abstand zum Hund an. Eine Zwei-Meter-Leine ist dazu völlig ausreichend. Die Leine kommt an den Hund, um ihn zu sichern und auch Kontrolle darüber zu haben, dass er sich nicht selbstständig in der Umwelt belohnt.

In ruhiger Umgebung beginnen Sie wieder mit Ihrem Namensspiel. Es darf eine abgelegene Wiese sein, weil wir ein wenig Platz benötigen.

Klappt das Umorientieren mit dem Namensspiel sehr gut, kommt Ihr Power-up-Signal zum Einsatz. Um noch mehr Dynamik und Folgebereitschaft beim Hund zu erzeugen, laufen Sie rückwärts vom Hund weg. Ist Ihr Hund bei Ihnen angekommen, clicken Sie, und es folgt ein tolles Spiel mit dem Lieblingsspielzeug oder Futter oder etwas anderes, was für Ihren Hund sehr bedeutsam ist.

Wenn Sie alle drei Elemente sicher in der richtigen Reihenfolge schaffen, Ihr Hund auch weiß, worum es geht, können Sie beginnen, das Signal wieder zu generalisieren: Beginnen Sie in ruhiger Umgebung, die Distanz zu erhöhen: längere Leine benutzen, Hund ableinen.

Erst wenn das gut klappt, steigern Sie die Ablenkung. Dabei beachten Sie Folgendes: Je größer die Ablenkung, desto geringer sollte die Distanz sein! Fangen Sie erst wieder mit einer Zwei-Meter-Leine an. Haben Sie Ihr vorbereitendes Training gewissenhaft aufgebaut, sind die Distanzvergrößerungen schnell wieder erreicht.

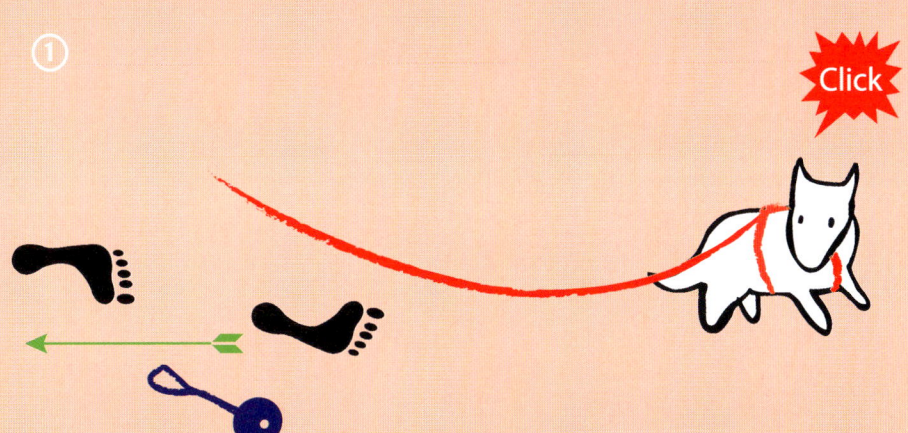

Übersicht über die drei Elemente eines erfolgreichen Rückruftrainings:
1. Namensspiel,
2. Power-up,
3. Bedürfnis-
  befriedigung.

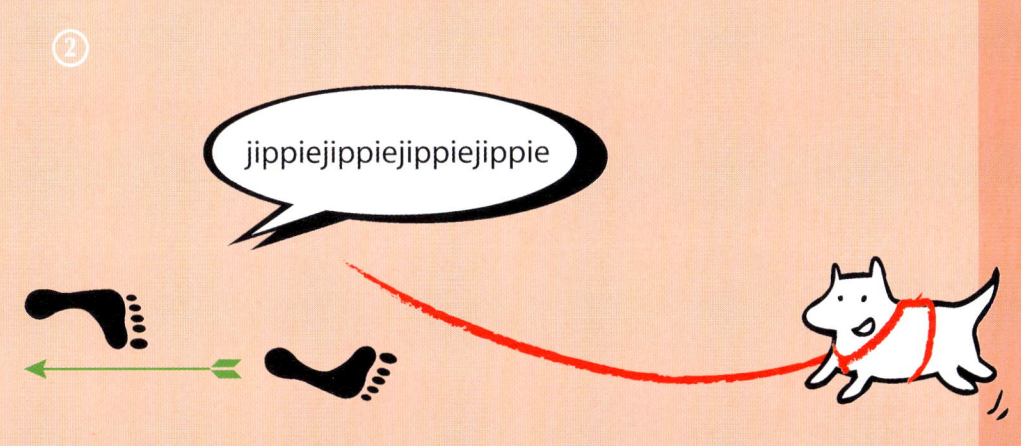

Maria hat Maya mit Namen angesprochen, Maya dreht sich um – Click – und Belohnung.

Maya bekommt auf dem Weg ihr Leckerchen von Maria als Schnüffelbelohnung zugeworfen.

Maya nach erfolgreicher Umorientierung auf dem Weg zu Maria. Maria läuft rückwärts und unterstützt Maya mit ihrem Power-up-Signal.

Für Maya ist es das Größte, mit Frauchen ein Zerrspiel mit dem Fleecetau zu machen.

Click – Maya ist da!

Tipp!

Für das Trainieren eines wirklich zuverlässigen Rückrufs sollten Sie Zeit investieren – es lohnt sich!

Hat Ihr Hund den Rückruf wirklich verstanden, können Sie nach der Belohnung eine kleine ruhige Übung einbauen: Sitz, Platz, Touch. Danach darf Ihr Hund wieder tun, was er mag. Sie geben ihn mit einem „Lauf" und einer ausladenden Bewegung wieder frei. Variieren Sie auch damit, dass Sie *nach* der Belohnung den Hund anleinen und mit ihm ein Stück an der Leine laufen.

Wichtig!

Ein Hund, der noch keinen sicheren Rückruf gelernt hat, gehört in unübersichtlichen Gebieten grundsätzlich an die Leine beziehungsweise Schleppleine. Haben Sie alles im Blick, ist natürlich Freilauf erlaubt. Versuchen Sie nicht, den Hund zurückzurufen, wenn die Ablenkung zu hoch ist und Sie noch nicht genügend trainiert haben.

Unerwünschtes Verhalten – Fehlverhalten?

Wenn Hunde in gewissen Situationen nicht so „funktionieren", wie der Mensch es wünscht, wird vielfach von unerwünschtem Verhalten oder Fehlverhalten gesprochen. Manchmal sogar davon, dass der Hund mit dem unerwünschten Verhalten die Macht über seinen Menschen anstrebe oder ihn gar lächerlich machen möchte. Glauben Sie wirklich, dass ein Hund darüber nachdenkt, in welcher Situation er Sie zum Gespött der Öffentlichkeit machen kann? Hunde tun, was sie tun. Sie sind Hunde und reagieren auf ihre Umwelt. Dabei blenden sie manchmal ihren Menschen aus, weil ihnen etwas interessanter oder gefährlich erscheint. Verhalten wird durch seine Konsequenzen bestimmt.

Reagiert ein Hund in gewissen Situationen immer gleich, so hat er in diesen Situationen *gelernt:* Es ist für *ihn* gut so, wie er reagiert.

An der Arbeit mit dem Clicker/Marker wird immer kritisiert, man könne damit „unerwünschtes" Verhalten nicht „abstellen". Wie schon in den vorhergehenden Kapiteln beschrieben, wird Verhalten durch darauf folgende Konsequenzen in großem Maße beeinflusst. Also muss in Situationen, in denen der Hund gelernt hat, sich „unerwünscht" zu verhalten, ein erwünschtes Verhalten eingeübt werden. Wie wollen Sie das ohne Clicker/Marker bewerkstelligen?

Bei der konventionellen Methodik wartet man darauf, dass der Hund in der entsprechenden Situation „falsch" reagiert, und dann wird er „korrigiert". Das heißt nichts anderes, als dass der Hund bestraft wird, um das Verhalten zu unterbinden beziehungsweise zu unterdrücken. Im Kapitel über Lerngrundlagen (siehe Seite 22 ff.) haben Sie erfahren, dass man bei Bestrafung mit aversiven Reizen so hart strafen muss, dass dieses Verhalten nie wieder auftritt. Müssen Sie in einer ähnlichen Konstellation wieder strafen, war die erste Strafe nicht das, was für Ihren Hund ausreichend war. Der Hund ist unnötigerweise bestraft worden.

Außerdem dürfen wir den emotionalen Aspekt nicht außer Acht lassen. Der Hund verknüpft Schmerzreiz mit den Dingen, die er während der Bestrafung im Fokus hat. Wissen Sie ganz genau, was Ihr Hund beispielsweise während eines Leinenrucks wahrnimmt? Was lernt Ihr Hund denn, wenn er beim Anblick eines anderen Hundes immer bestraft wird? Genau – das Erscheinen anderer Hunde bedeutet Schmerz und Ärger von seinem Menschen. Der andere Hund wird so zum Signal für negative Emotionen und dem aus seiner Sicht notwendigen aggressiven Reagieren. Der aggressiv reagierende Hund wird oft auch noch belohnt, da der andere Hund sich in Gegenrichtung entfernt. Er hat sein Ziel erreicht: Aggressives Verhalten führt dazu, dass der Auslöser verschwindet. Dem Hund ist nicht bewusst, dass der andere sowieso weitergelaufen wäre. Der aggressiv reagierende Hund hat verknüpft: Bellen bedeutet Distanzvergrößerung zum

Auslöser der Aggression. Das schafft Erleichterung, denn der Mensch am anderen Ende der Leine hört auch auf zu schimpfen. Ein angenehmes Gefühl, welches er immer infolge des Verschwindens des anderen Hundes (Auslösers) verspürt. Damit wird das vorhergegangene Bellen und Toben immer wieder verstärkt.

Mit Clicker/Markersignal haben Sie im Gegensatz dazu die Möglichkeit, unerwünschtes Verhalten in erwünschte Reaktionen und positive Emotionen zu ändern. Dazu ist es gar nicht notwendig, darauf zu warten, dass Ihr Hund etwas „falsch" macht. Sie können schon vorher beginnen! Machen Sie den Auslöser negativer Emotionen und unerwünschten Verhaltens zum Auslöser positiven Verhaltens! Dazu müssen Sie zunächst Ihren Blickwinkel ändern. Wie unerwünschtes Verhalten aussieht, wissen Sie. Haben Sie sich denn auch überlegt, wie sich Ihr Hund in den unangenehmen Momenten „richtig" verhalten soll? Sie müssen sich genauso viele Gedanken darüber machen wie beim Aufbau eines „normalen" Verhaltens, einer Übung. Sie kennen den Auslöser: zum Beispiel ein anderer Hund in zehn Metern Entfernung. Bei starker Erregung ist effektives Lernen nicht möglich. Deshalb müssen Sie bereits beginnen zu trainieren, wenn Ihr Hund noch aufnahmebereit ist.

Wichtig!

Ihr Hund muss selbstständig lernen. Erst dann kann er die richtigen Verknüpfungen herstellen. Locken Sie den Hund nicht! Weder mit Leckerchen noch mit Spielzeug. Der fremde Hund soll zum Auslöser des neuen Verhaltens werden – nicht das Leckerchen/Spielzeug!

Verhalten verändern – Emotionen verändern

Dieses Thema kann hier nur angerissen werden, da es sich um eine sehr komplexe Trainingsarbeit handelt. Trotzdem möchte ich Ihnen das Prinzip kurz erläutern (siehe auch Grafik Seite 81):

Schritt 1: Ruhiges Verhalten üben

Üben Sie das ruhige Verhalten Ihres Hundes beim Anblick eines Auslösers (beispielsweise anderer Hund) in einer akzeptablen Entfernung. Dabei ist die Entfernung dem eigenen Hund anzupassen. Die in der Grafik (Seite 81) aufgeführten Entfernungen sind nur beispielhaft.

Hier wird zunächst jedes ruhige Verhalten beim Anblick des Hundes markiert und belohnt. Wenn Sie sicher jeden fremden Hund markieren können und Ihr Hund immer ruhig ist, gehen Sie über zum nächsten Schritt.

Schritt 2: Umorientierung zum Menschen hin

Sagen Sie beim Anblick eines Auslösers den Namen Ihres Hundes, damit er sich zu Ihnen hin orientiert. Sobald sich Ihr Hund umdreht – Click und Belohnung von Ihnen. Auch hier geht es erst zum nächsten Schritt, wenn beim Anblick anderer Hunde die Umorientierung sicher gezeigt wird.

Schritt 3: Abfragen einer Übung

Dabei ist es enorm wichtig, dass die Übungen wie „Namensspiel" und „Touch" oder „Sitz" zum einen auch wirklich gelernt und generalisiert sind (siehe die entsprechenden Kapitel) und zum anderen immer positiv aufgebaut und abgefragt werden. Wir wollen die emotionale Verknüpfung zum Auslöser von Angst/Aggres-

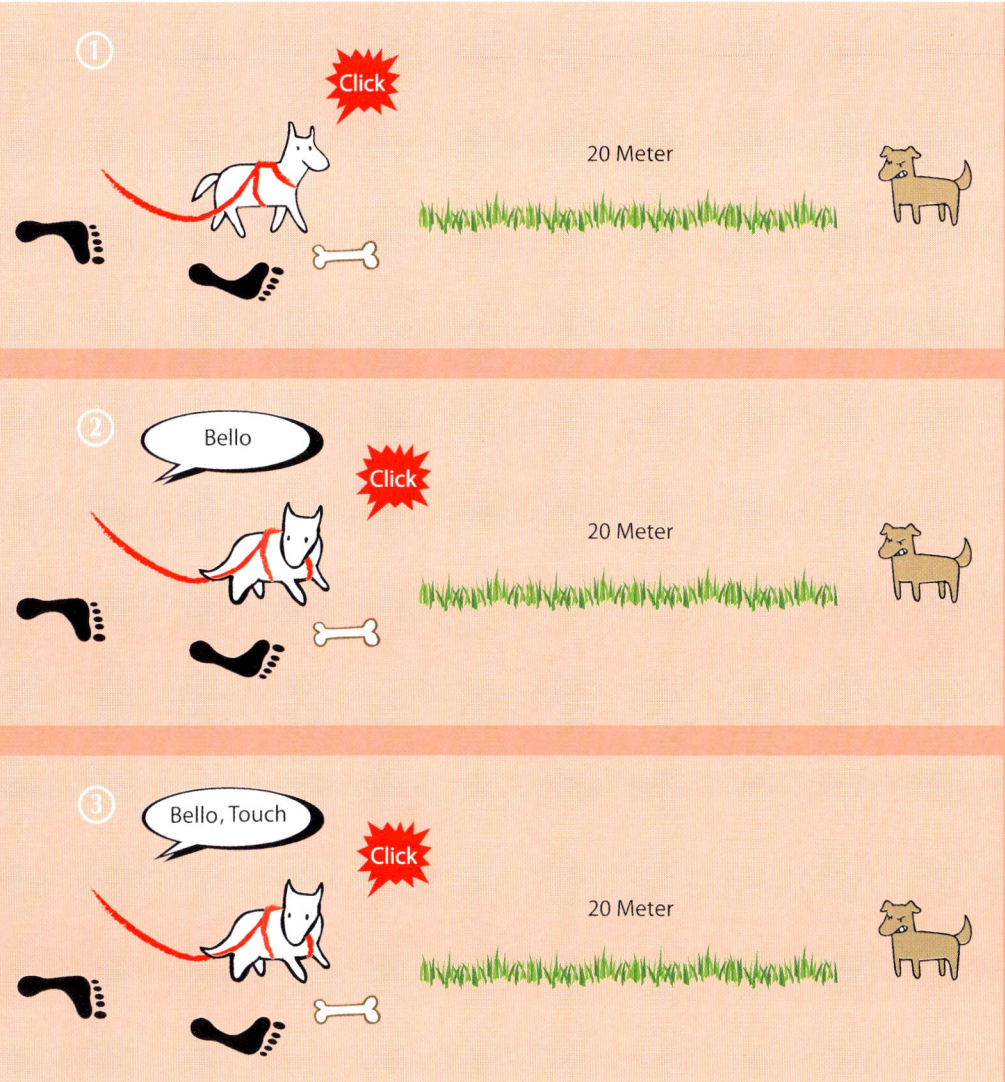

Übersicht der einzelnen Schritte für das Training „Verhalten verändern": ruhiges Verhalten (1), Umorientierung zum Menschen hin (2), Abfragen einer Übung (3).

sion verändern hin zu positiven Gefühlen. Das funktioniert nur, wenn auch alle damit verbundenen Elemente positiv sind: Markersignal, Übung, Belohnung! Bei jeder Veränderung von Verhalten beachten Sie immer den grundlegenden Aufbau einer Übung (siehe Seite 56 ff.).

Sie können Signale aus der Umwelt auch als Auslöser für andere Übungen nehmen: Ein Besucher im Haus wird beispielsweise zum Auslöser, sich hinzusetzen. Nun sind Sie gefragt: Überlegen Sie, was Sie in den Situationen von Ihrem Hund möchten, um es auch sorgfältig zu trainieren.

Luna schaut von Thomas weg. Er spricht sie an.

Luna schaut – Click – und Belohnung.

Luna hat gelernt, beim Anblick anderer Hunde eine kleine Übung (Touch) auszuführen.

So werden die anderen Hunde zum Signal, sich zur Hand des Menschen zu orientieren.

Weil Emma große breite Männer unheimlich findet, hat sie diese früher angebellt. Heute ist solch ein „Umweltsignal" ein Zeichen dafür, sich zu Frauchen umzudrehen und dort eine ruhige Übung zu machen. Anschließend können beide entspannt weiterlaufen. Positiv aufgebaute Übungen wirken wie kleine Belohnungen.

Wichtig!

Wenn Sie sich nicht sicher sind, wie Sie die komplexen Verhaltensänderungen trainieren sollen, wenden Sie sich an einen kompetenten Trainer. Achten Sie bei der Auswahl des Trainers/Verhaltensberaters darauf, dass dieser mit Desensibilisierung und Aufbau von Alternativverhalten vertraut ist. Am Ende des Buchs finden Sie Links zu empfehlenswerten Hundeschulen.

Zum Schluss
noch ein paar Worte

Rudelführung, Dominanz – Wer ist hier der Herr im Haus?

Vielfach wird in der Hundewelt im Zusammenhang mit schwer trainierbaren Hunden von Rangordnungsproblemen gesprochen. Meist als Rechtfertigung dafür, grobe Trainingstechniken anzuwenden. Dem Hundebesitzer wird damit Angst gemacht, dass er andernfalls die Stellung als „Rudelführer" verlieren würde. Es werden wilde Szenarien konstruiert, um den Hund einzuschüchtern oder ihn mit gewaltbehafteten Techniken „unterzuordnen". Schließlich gehöre das vierbeinige Rudelmitglied ganz unten an das Ende der Hierarchiekette.

Haben Sie sich nicht schon einmal gefragt, woher diese Behauptungen und Meinungen kommen? Es sind Meinungen, keine Fakten, die auf verhaltensbiologisch nachweisbaren Beobachtungen fußen.

Dominanz in der Verhaltensbiologie

Das Dominanzsystem in der Verhaltensbiologie soll dem Menschen helfen, Strukturen zu erkennen und dient hauptsächlich der Erklärung von Beziehungen zwischen einzelnen Individuen. Es ist folglich ein Erklärungsversuch, um Verhalten besser verstehen zu können.

Populär geworden ist der Begriff der Dominanz durch den norwegischen Forscher Schjelderup-Ebbe in den 1920er-Jahren. Er beobachtete bei Hühnern das Sozialverhalten und die Beziehungen zwischen verschiedenen Individuen. Dieser Blick in einen Hühnerstall hat uns das streng lineare Dominanzsystem von Hühnern beschert: A hackt B, B hackt C aber nicht A, C hackt D und so weiter. Dieses System wurde fatalerweise schnell auf jegliche in Gemeinschaft lebende Wirbeltiere übertragen. Kann es wirklich richtig sein, Beobachtungen an einer Art auf andere Arten zu übertragen? Möchten Sie mit dem Leben in einem Hühnerstall gleichgesetzt werden? Sicherlich nicht.

Dieses Modell hat sich bis in die späten 1960er-Jahre in der Biologie gehalten, bis man durch Freilandbeobachtung an Primaten feststellte, dass es nicht auf alle Spezies anwendbar ist. Man beobachtete, dass es nicht nur lineare Rangsysteme gibt, sondern auch vielfältige andere Beziehungen zwischen Individuen. So entstehen Netzwerke, die durch individuelle Beziehungen geprägt sind, nicht durch ständiges Hervorkehren von Status und Rang.

Der nächste wichtige Aspekt in der Beobachtung von Beziehungen ist der Kontext. In welchem Zusammenhang „gewinnt" ein Tier und in welchem „verliert" es? Wenn Tier A immer in der gleichen/ähnlichen Situation gegenüber Tier B „gewinnt", so dominiert A über B. Das muss aber nicht heißen, dass Tier A über Tier C ebenfalls dominiert. Hier kann es genau anders herum laufen. Beziehungen sind vielfältig und nicht immer gleich. Sobald Tier B auch einmal über Tier A dominiert, hat sich die Beziehung geändert. Wer ist dann der „Ranghöhere"?

Diese Art der „sozialen Dominanz" ist immer von der Beziehung der Individuen untereinander und dem Kontext abhängig. Die Umwelt und deren Bedingungen spielt bei Verhalten zwischen zwei Tieren immer eine große Rolle. Wir können Verhalten nicht losgelöst von Zeit und Ort bedenkenlos auf a) eine Spezies und b) einen völlig anderen Kontext übertragen!

Wölfe leben streng hierarchisch – wirklich?

Damit die aufgestellte Dominanztheorie auch stimmig ist, wird häufig immer noch das Leben in einem Wolfsrudel herangezogen, um sogenannte „Rangreduktionspläne" zu rechtfertigen. Doch stimmen diese auf Jahrzehnte alten Beobachtungen beruhenden Erklärungen noch immer? Wissenschaft bleibt nicht stehen. So werden alte Theorien und Thesen durch neue und besser belegte Beobachtungen entweder bestätigt oder widerlegt.

Die leider immer noch kursierenden Mythen über ein streng hierarchisch funktionierendes Wolfsrudel, in dem gerne und oft um einen höheren Rang gekämpft wird, fußen auf Beobachtungen an Wölfen in Gefangenschaft. In diesem Zusammenhang hat man Wölfe, die nicht miteinander verwandt sind, in ein eingezäuntes Gehege gesperrt. Dort beobachtete man dann ihr Sozialverhalten. Dabei wurde nur eines vergessen: Soziale Gruppen verhalten sich in Gefangenschaft anders als in freier Natur. Wölfe in Gefangenschaft, die nicht miteinander verwandt sind, entwickeln andere Verhaltensweisen: Es entstehen tatsächlich gut zu beobachtende Hierarchiegefüge. Die Tiere haben durch die Gefangenschaft keine Möglichkeit, dem Stress aus dem Weg zu gehen und abzuwandern. Sie müssen andere Wege finden, miteinander umzugehen und Ressourcen zu sichern, worunter natürlich auch die Wahl des Sexualpartners fällt. In Gefangenschaft ist die Wahl des Partners äußerst beschränkt und somit kommt es schon deshalb immer wieder zu Streitigkeiten.

Das ist so, als wollten Sie menschliches Verhalten in einem Gefangenenlager beobachten und diese Beobachtungen auf den Rest der Menschheit übertragen. In Gefangenenlagern herrschen doch etwas andere Bedingungen, als in Freiheit. Tiere, die in umzäunten Geländen oder Käfigen gehalten werden, haben wenig bis gar nicht die Möglichkeit, ihr natürliches Verhaltensrepertoire zu entfalten und zu nutzen. Viele beginnen aufgrund des Stresses, Verhaltensauffälligkeiten zu zeigen. Auffälligkeiten, die in freier Wildbahn nicht entstehen würden.

Was ist denn dann ein Wolfsrudel?

Die Forschungen der letzten Jahrzehnte zeigen, dass Wölfe in der freien Natur doch anders leben, als man es ihnen bisweilen nachsagt. Der bekannte Wolfsforscher David Mech hat fast sein gesamtes Leben damit verbracht, Wölfe in ihrer natürlichen Umgebung zu beobachten.

In 50 Jahren Freilandbeobachtung hat er feststellen können, dass Wölfe eben doch nicht ein streng lineares hierarchisches Rudel bilden, wie so gerne behauptet wird. Ein Wolfsrudel ist mit einer menschlichen Familie vergleichbar. Es setzt sich zusammen aus einem Elternpaar und der Nachkommenschaft der letzten ein bis drei Jahre. Hier kommt noch nicht einmal das häufig zitierte „Alpha"-Paar

vor. Es handelt sich lediglich um eine Sozialstruktur. Diese ist ganz klar: Eltern mit Nachkommen. Alle Tiere dieses Familienverbandes sind miteinander verwandt.

Im Gegensatz dazu stehen Beobachtungen an nicht miteinander verwandten Gehegewölfen. Außerdem spielen bei diesen Beobachtungen auch immer noch die Umweltbedingungen eine sehr große Rolle: Nicht jedes Wolfsrudel verhält sich gleich – je nachdem, wo es lebt.

Der wichtigste Aspekt an den Beobachtungen Mechs ist allerdings, dass die Nachkommen bei Geschlechtsreife oder aufgrund von sozialem Druck die Wolfsfamilie verlassen und auf die Suche nach einem geeigneten Fortpflanzungspartner gehen. Somit hat jeder Wolf die Möglichkeit zum Gründer eines Rudels zu werden. Nur wenige Wölfe schließen sich einem fremden Rudel an, sofern sie überhaupt aufgenommen werden.

Welchen Schluss kann man aus diesen langjährigen Freilandbeobachtungen ziehen? Wölfe haben kein „Machtgen", es kommt nicht zu Kämpfen um irgendwelche Rangordnungen oder einen eher virtuell anmutenden „Status". Wolfsrudel funktionieren wie menschliche Familien: Mit den Eltern wird respektvoll umgegangen, unter Geschwistern wird um die eine oder andere Ressource gestritten und wenn der Zeitpunkt gekommen ist, verlassen die jungen Erwachsenen ihren Familienverband, um selbst einen Partner zur Fortpflanzung zu finden und somit zum Familiengründer zu werden.

Wölfe sind sehr soziale Tiere, die Nähe und Sicherheit benötigen. Das Elternpaar kümmert sich gemeinschaftlich um die Nachkommen. Der Wolfsrüde sorgt mit den älteren Nachkommen für Nahrung, um die säugende Wölfin zu ernähren und später auch

die heranwachsenden Welpen. Welpen erhalten nach einer erfolgreichen Jagd das Futter vor den anderen Rudelmitgliedern! Welchen Sinn würde es machen, die Kleinen zuletzt mit übriggebliebenen Resten zu versorgen? Die Wölfin hat Zeit und Energie in das Austragen und Säugen der Jungen investiert, also bekommen sie auch als Erste die wichtige Energiequelle „Futter". So ist ihr Heranwachsen gesichert.

Hunde sind Wölfe – wirklich?

Gerne wird der Vergleich Wolf – Hund herangezogen, wenn es um grobe Erziehungsmethoden geht. Das Argument der Rangordnungsprobleme, dies zeigt der vorherige Abschnitt, hält der fortgeschrittenen Beobachtung an frei lebenden Wölfen nicht stand.

Genetiker bescheinigen eine Übereinstimmung der Gene von Hund und Wolf von rund 99,8 Prozent. Ist es deswegen gerechtfertigt, jegliches Verhalten von Wölfen auf Hunde zu übertragen? Vergleichen wir doch einmal einige Entwicklungen und Verhaltensweisen von Hunden und Wölfen:

• Der Hund wird bereits, je nach Rasse, in einem Alter von rund sechs Monaten geschlechtsreif, Wölfe erst im Alter von zwei Jahren. Hunde-Rüden sind aufgrund der Domestizierung das gesamt Jahr in der Lage, Nachkommen zu zeugen. Hündinnen sind zweimal im Jahr läufig, weibliche Wölfe hingegen nur einmal jährlich. Diese eine Läufigkeit stößt hormonell erst die Zeugungsfähigkeit des Wolfes an. Männliche Wölfe sind außerhalb der Läufigkeit nicht zeugungsbereit.

Wichtig!

Das Unterscheidungsmerkmal „Geschlechtsreife" ist für wichtige Verhaltensweisen beim Hund verantwortlich. Die ständige Testosteronproduktion (männliches Sexualhormon) bei den Rüden ist zum Beispiel verantwortlich für Aggression gegenüber gleichgeschlechtlichen, unkastrierten Artgenossen, da diese oft in Konkurrenz zueinander stehen. Die Konkurrenzsituation wird in geschlechtergemischten Gruppenstunden in vielen Hundeschulen noch besonders gefördert. Ein weiterer Haken an diesen gemischten Gruppen ist, dass durch künstlich herbeigeführte Trainingssituationen die Testosteronproduktion noch angekurbelt wird. Ein Überschuss dieses Hormons lässt kein entspanntes Lernen zu und erzeugt Stress. Doch nur in einer stressfreien Umgebung ist effektives und nachhaltiges Lernen für das Gehirn möglich. Gemischte Gruppenstunden für junge Hunde bis zu einem Alter von drei Jahren sind folglich eher kontraproduktiv. Es entsteht häufig eine Spirale von Druck und Strafe, sodass dem Hund Lernen noch schwerer fällt oder gar unmöglich ist.

Warum wollen Sie es einem Tier, das nicht über unsere Möglichkeiten des Gehirns verfügt, schwerer machen, als nötig? Selbst uns Menschen fällt es in stressigen Situationen häufig sehr schwer, neue Lerninhalte aufzunehmen und nachhaltig abzuspeichern. Machen Sie doch einen Selbstversuch! Schauen Sie sich Ihren Lieblingsfilm an und versuchen Sie, dabei ein Gedicht auswendig zu lernen. Das Gehirn ist nicht multitaskingfähig, es kann sich immer nur auf eine Sache richtig konzentrieren. Ablenkungen führen immer zu Fehlern.

So ergeht es einem heranwachsenden Rüden, der in eine gemischte Trainingsgruppe zur „Grunderziehung" gehen muss.

Bedenken Sie dabei auch immer, dass diese wöchentlichen Treffs nichts mit dem „normalen" Umfeld in seinem Zuhause zu tun haben – Hunde lernen kontextbezogen. Sie müssen erst lernen, das Gelernte von einer reizarmen Wiese auf die alltäglichen Lebensumstände zu übertragen (siehe Kapitel Lerngrundlagen, Seite 22 ff.).

- Der nächste wichtige Unterschied zwischen Wolf und Hund besteht in der Brutpflege. Wölfe ziehen ihre Nachkommen in der Familiengemeinschaft groß. Hier ist auch der Wolfsrüde durch Futterbeschaffung einbezogen. Bei Hunden kümmert sich lediglich die Hündin um die Aufzucht der Welpen. Der Rüde ist nur zur Zeugung mit der Hündin zusammen und nutzt die Möglichkeit, noch weitere Hündinnen zu belegen.

- Ausgewachsene Wölfe haben eine sehr große Fluchtdistanz und sind skeptisch/ängstlich gegenüber allem Neuen. Auch Handaufzucht und gutes Training machen aus einem Wolf keinen netten Familienhund. Unsere Haushunde hingegen sind ihr gesamtes Leben lernfähig, neue Dinge und Situationen zu verarbeiten. Die Sozialisierung (Lernen durch Erfahrung) ist nicht mit der 16. Lebenswoche für immer abgeschlossen, Sozialisierung findet ein ganzes Hundeleben statt. Ansonsten wäre ja eine Verhaltenstherapie insbesondere bei Hunden mit Angstproblematik nicht möglich. Beim erwachsenen Hund kann es eventuell länger dauern, gelernte Verhaltensmuster zu durchbrechen und in andere Bahnen zu lenken, als bei einem jungen Hund.

- Ein nicht zu vergessener Punkt ist der Unterschied im Aggressionsverhalten. Hunde lassen sich sehr schnell durch Druck/Strafe in ihrem Tun blockieren. Versuchen Sie das einmal mit einem Wolf! Wölfe reagieren auf Stress/Strafe mit Aggression. Das ist für den Menschen keine sehr angenehme Situation. Ein Hund, der auf Strafe mit Aggression reagiert, weil er sich bedroht fühlt, wird meistens mit noch mehr Druck und Gegenaggression behandelt.

Wir müssen uns immer wieder vor Augen halten, dass wir es mit einem Tier zu tun haben und nicht mit einem vierbeinigen Menschen mit Pelz! Ein Hund kann immer nur innerhalb seines angeborenen und gelernten Verhaltensrepertoires agieren und reagieren.

Eine menschliche Interpretation mit Sätzen wie: „Der darf Sie nicht anknurren!" trübt den Blick auf die tatsächliche Situation.

Verhalten verändern durch Rangordnungspläne?

In den vorangegangenen Abschnitten habe ich versucht, Ihnen die Entstehung und Entwicklung der Dominanztheorie sowie die Unterschiede zwischen Hund und Wolf zu erörtern. Was bringt nun dieses Wissen über Unterschiede innerhalb einer Art? Dazu möchte ich

zunächst noch kurz auf das Zusammenleben zweier verschiedener Arten eingehen. Sieht Ihr Hund Sie wirklich als Artgenosse? Auch hier haben wir in meinen Augen wieder eine typische Vermenschlichung. Wir Menschen benehmen uns nicht wie Hunde: Wir laufen auf zwei Beinen, reden den ganzen Tag und müssen alles anfassen. Das, was unsere nächsten Verwandten, zum Beispiel Schimpansen, auch tun – ausgenommen das ständige Sprechen.

Da wir uns nicht wie Hunde benehmen, ist die Annahme, dass wir mit ihnen ein Rudel bilden, einfach nicht korrekt. Hunde sind sozial lebende Tiere. Gesellschaft ist für die meisten wichtig und sie sind darauf selektiert worden, mit dem Menschen zusammenzuleben und zu arbeiten. In der Biologie nennt man das Zusammenleben zweier verschiedener Arten „Symbiose". Eine Symbiose muss nicht zwangsläufig für beide Seiten ausgewogen sein.

Gehen wir einmal davon aus, dass wir in Gemeinschaft mit unserem Hund ein ausgewogenes Verhältnis erreichen möchten. Ist das überhaupt möglich? Schauen wir uns doch das Leben eines durchschnittlichen Familienhundes einmal an: Der Hund wird angeschafft und wie immer für ein Zusammenleben in einer Gruppe gelten gewisse Regeln. Unser Familienhund bekommt zweimal am Tag zu bestimmten Uhrzeiten sein reglementiertes Futter, das er sich nicht selber aussuchen kann. Er wird in bestimmten Abständen zum Lösen an der Leine aus dem Haus geführt. Einige Hunde kommen gar nicht in den Genuss, ohne Leine ihren Bewegungsbedarf zu befriedigen. Der Hund darf am Tisch nicht stören, er darf nicht bellen, wenn es an der Tür klingelt, er hat nur einen bestimmten Platz in der Wohnung und wird von morgens bis abends vom Menschen reglementiert. Wünschen Sie sich so ein Leben?

Der Dominanzbegriff in der Ökologie (Biologie)

In den vorherigen Kapiteln wurde der Dominanzbegriff in der Verhaltensbiologie beschrieben. Doch nicht nur dort findet dieser Ausdruck seine Anwendung. Ökologie ist wie die Verhaltensbiologie eine Teildisziplin der Biologie. Sie beschreibt die Erforschung der Wechselbeziehungen zwischen Organismen untereinander und ihrer Umwelt. Hier werden die Arten einer Lebensgemeinschaft als dominant bezeichnet, die am häufigsten vorkommen (sie haben die größte Biomasse). Diese Arten bestimmen die Struktur eines Lebensraums. Sie dominieren demnach ihre spezielle Umwelt. Das beste Beispiel dafür ist wohl der Mensch: Wir haben die größte Biomasse – auch wenn es vielleicht mehr Ameisen auf der Welt gibt – und kontrollieren unsere Umwelt in höchstem Maße: Ressourcen wie Nahrungsmittel, Bodenschätze oder Land werden vom Menschen häufig rücksichtslos genutzt. Andere Tierarten müssen auf den immer kleiner werdenden Anteil an vom Menschen unberührter Natur reagieren und sich zurückziehen.

Bezogen auf die Dominanztheorie in der Ökologie (siehe Kasten) sind wir Menschen also schon von vorneherein die „dominante Art". Wir bestimmen die Umwelt und den Zugang zu Ressourcen. Doch haben diese allgemeinen Regeln innerhalb unseres Zusammenlebens häufig keine konkreten Auswirkungen auf sogenanntes Problemverhalten.

Rangordnungspläne können keine Verhaltensprobleme lösen

In meiner Praxis für Verhaltensberatung habe ich häufig mit auffälligen Hunden zu tun, die Angst oder Aggression zeigen. Sogenannte „Rangreduktionspläne" helfen bei diesen konkreten Problemen allerdings nicht. Sie helfen lediglich dem Menschen, ein paar Regeln im Zusammenleben mit dem Hund einzuhalten. Das ist im Grunde erst einmal nicht verkehrt. Dies hilft dem Hund aber nicht in den konkreten Situationen, in denen er Angst oder Aggression zeigt. Wir haben es mit einem Lebewesen zu tun, das wesentlich schneller die genannten Emotionen zeigt, als wir Menschen. Das liegt am Aufbau des Gehirns. Säugetiergehirne sind grundlegend gleich aufgebaut – deshalb wird in vielen Bereichen der Forschung (Medizin, Biologie) auch an Mäusen, Ratten oder Affen geforscht. Umweltreize werden im Zwischenhirn emotional bewertet, außerdem werden wichtige und unwichtige Informationen auf dem Weg zum Großhirn gefiltert. Das schützt vor Überlastung des Denkorgans.

Bei Säugetieren ist der Teil des Gehirns, in dem Umweltreize emotional bewertet werden, verhältnismäßig größer, da zum Beispiel Gefahrensituationen schnell erkannt werden müssen, um das eigene Leben zu schützen. Menschen, die beispielsweise an Spinnenphobie leiden, kennen dieses Problem. Auch wenn Spinnen ihnen nie etwas getan haben, so bekommen sie doch schon beim Anblick dieser kleinen Achtbeiner Angst oder gar Panikattacken, auch wenn sie Benimmregeln kennen. Ähnlich verhält es sich mit Rangordnungsplänen: Was hilft es einem Hund in einer konkreten Situation, wenn er gelernt hat, immer nach dem Menschen durch die Tür zu gehen?

Alle Umweltreize werden emotional bewertet, bei Tieren wie bei Menschen. Demnach kann ein Angstproblem oder übersteigertes Aggressionsverhalten nur in den bestimmten Situationen durch Veränderung der Emotionen gegenüber dem Auslöser verändert werden.

Denken Sie daran: *Hunde lernen durch Assoziation, sie verknüpfen Verhalten mit Konsequenzen in bestimmten Situationen.*

Stellen Sie sich vor, Ihr Hund reagiert an der Leine beim Anblick eines anderen Hundes aggressiv, weil er die Distanz zu dem furchteinflößenden Objekt vergrößern möchte. Im gleichen Augenblick reagieren Sie auf die Aggression ebenfalls mit Aggression und rucken kräftig an der Leine. Welche Verknüpfung stellt Ihr Hund zu dem Auslöser her? Ein fremder Hund bedeutet Schmerz. Damit verändern Sie die emotionale Lage beim Anblick fremder Hunde nicht in die gewünschte Richtung. Sie machen die Sache oft noch schlimmer und es entwickelt sich daraus eine Spirale von Bestrafungen.

Ihr Hund kann nur so reagieren, wie Sie es ihm vermittelt haben. Wenn Sie die Emotionen und das Verhalten positiv beeinflussen wollen, müssen Sie aus dem Furcht einflößenden Auslöser einen Freude bringenden machen und zusätzlich alternatives Verhalten trainieren. Statt darauf zu warten, dass der Hund wieder in seiner Angst gefangen wird, beginnen Sie schon vorher jeden Anblick eines fremden Hundes mittels Click und Belohnung langsam in die positive Richtung zu bringen. Positiv aufgebaute Signale wie zum Beispiel der Name zur Umorientierung (siehe Seite 51 f.) lösen auch schon positive Emotionen aus.

Kann Ihr Hund ein gut aufgebautes und gelerntes Signal nicht ausführen, dann liegt es daran, dass sein Gehirn ihm gerade einen Strich durch die Rechnung macht. Das emotionale Zentrum lässt dieses Signal einfach nicht weiter in den denkenden Teil des Gehirns vordringen. Dann hilft aber auch „strenges Durchgreifen" nichts. Damit vergiften Sie sich Ihr positives Signal, Sie rutschen wieder in die Spirale der Bestrafungen und der Hund assoziiert erneut Negatives mit dem Auslöser. Im Kapitel über Verhaltensveränderungen (siehe Seite 79 ff.) habe ich genauer beschrieben, wie Sie Verhalten in konkreten Situationen positiv beeinflussen und verändern können. Damit lernt Ihr Hund nachhaltig, mit den schwierigen Augenblicken des Lebens umzugehen. Arbeiten Sie an den konkreten Situationen, in denen Ihr Hund Verhaltensauffälligkeiten zeigt und verschwenden Sie nicht Ihre Zeit und Mühe mit überholten Rangreduktionsprogrammen!

Nochmals danke – die Zweite!

Ich möchte den Menschen danken, die mir auch bei diesem Buch, sei es durch alleinige Anwesenheit oder Diskussionen, Anregungen und Kritik geholfen haben:

Meinen Eltern, bei denen ich im Garten meine Gedanken in den Laptop eingegeben habe und die mich im „Hotel Mama" gehegt und gepflegt haben.

Ich danke ganz besonders Dr. rer. nat. Diplom-Biologin Ute Blaschke-Berthold. Durch ihr unerschöpfliches Fachwissen, ihren unermüdlichen Einsatz um neue wissenschaftliche Erkenntnisse rund um Lernverhalten, Biologie und Hundetraining und viele virtuelle Diskussionen, hat sie mir eine Horizonterweiterung ermöglicht, die mir wohl ohne diesen Austausch verwehrt geblieben wäre. Vielen Dank, liebe Ute, dass du mein Manuskript durchgesehen hast.

Meine liebe Maria Rehberger vom Hundetraining Nürnberg, die als Assistentin, Video-, Fotomodel und Korrekturleserin mit ihren Hundemädels Emma und Maya immer zur Stelle ist, wenn man sie braucht. Ebenso Astrid Hintermeier mit Luna, die mit Fleiß und verlagsmäßigem Auge mein Skript gelesen hat. Mit Luna habe ich meine Reaktionszeit enorm trainiert. Dank auch an Thomas mit Luna – Männer, die mit Clicker arbeiten, sind leider immer noch sehr selten.

Ich möchte mich bei meinen Kunden bedanken, die sich mit mir auf gewaltfreie Hundeerziehung und Arbeit mit dem Marker eingelassen und festgestellt haben, dass es klappt.

Ein besonderer Dank geht an Trainer, die mich durch ihre Bücher und/oder Seminare sehr beeinflusst haben: Kay Laurence, Patricia McConnell, Jean Donaldson, Birgit Laser, Turid Rugaas, die seit Jahren gewaltfrei mit Menschen und ihren Hunden arbeiten und damit beweisen, dass es auch ohne Stachelhalsband, Dominanzorgien und Kasernenhofton geht.

Dank an meine Hunde Usha und Louis, und auf der anderen Seite der Regenbogenbrücke warten James, Hudson und ganz besonders Dino – die Fellnasen, die mein Leben verändert haben.

Zum guten Schluss möchte ich dem Cadmos Verlag, der mich auch bei diesem Buch wieder unterstützt hat, für die gute Zusammenarbeit danken.

Die Autorin

Monika Gutmann begann ihre Trainertätigkeit in einem allgäuer Hundesportverein, konnte sich mit den dortigen Ausbildungspraktiken aber nicht anfreunden. Auf zahlreichen Seminaren bildete sie sich in tierschutzgerechten und auf dem Wohl des Hundes basierenden Ausbildungsmethoden fort. So entdeckte sie auch die Arbeit mit dem Clicker/Markersignal. 2004 gründete sie die Hundeschule „modern dogs" in Kaufbeuren, die sie seit 2008 in Weißenburg/Mittelfranken erfolgreich mit den Schwerpunkten Verhaltensberatung und -therapie fortführt. Monika Gutmann ist geprüftes Mitglied im Internationalen Berufsverband der Hundetrainer/innen e. V. (IBH).

Nützliches

Gute Hundeschulen und Hundetrainer, die im Umgang mit dem Clicker und der gewaltfreien Veränderung von unerwünschtem Verhalten geschult sind, finden Sie unter:
www.modern-dogs.de
www.ibh-hundeschulen.de

Das Forum rund um Hundeerziehung:
www.dogginator.de

Wissenswertes zum Training mit Marker:
www.reachingtheanimalmind.com
www.spass-mit-hund.de
www.clickertraining.com

Literatur- und Quellenangaben

Bekoff, Mark: *Das Gefühlsleben der Tiere*. Bernau: Animal Learn, 2008

Bradshaw, John W. S./Blackwell, Emily J./Casey, Rachel A.: Dominance in domestic dogs – useful construct or bad habit? Journal of Veterinary Behavior: Clinical Applications and Research 4 (3), 109–144, May/June, 2009

Dennison, Pamela S: *How to Right a Dog Gone Wrong*. A Road Map for Rehabilitating Aggressive Dogs. Crawford: Alpine Blue Ribbon Books, 2005

Hallgren, Anders: *Das Alpha-Syndrom*. Bernau: Animal Learn, 2006

Killion, Jane: *When Pigs fly!* Training Success with Impossible Dogs. Wenatchee: Dogwise Publishing, 2007

Laser, Birgit: *Clickertraining*. Das Lehrbuch für eine moderne Hundeausbildung. Brunsbek: Cadmos, 2000

Laurence, Kay: *Learning about Dogs: Clicker Novice Training*. Level 2. Sunshine Books Inc., 2006

Laurence, Kay: *Learning about Dogs: Clicker Intermediate Training*. Level 3. Selbstverlag, 2003

McConnel, Patricia B.: *Liebst Du mich auch?* Die Gefühlswelt bei Mensch und Hund. 2. Aufl. Nerdlen: Kynos, 2008

McConnel, Patricia B.: *Das andere Ende der Leine*. Was unseren Umgang mit Hunden bestimmt. 9. Aufl. Nerdlen: Kynos, 2008

Mech, David L.: *Was ist eigentlich mit dem Begriff Alpha-Wolf passiert?* Artikel zum Download im PDF-Format. www.cumcane.de, 2008

Miller, Pat: *The Power of Positive Dog Training*. Howell Book House, 2001

Parsons, Emma: *Click to Calm: Healing the Aggressive Dog*. Sunshine Books Inc., 2004

Panksepp, Jaak: *Affective Neuroscience: The Foundations of Human and Animal Emotions* (Series in Affective Science). Oxford: Oxford University Press, 2004

Pryor, Karen: *Reaching the Animal Mind: Clicker Training and What It Teaches Us About All Animals*. Scribner Book Inc., 2009

Pryor, Karen: *Don't Shoot the Dog!: The New Art of Teaching and Training*. 3rd Revised edition. Lydney: Ringpress Books Ltd., 2002

Wilhelm, Klaus: *Oxytozin – Elixier der Nähe*. Gehirn und Geist 1/2, 2009

Zimbardo, Philip G.: *Psychologie*. Berlin, Heidelberg: Springer, 1992

Stichwortregister